上海市建筑学会团体标准

座地式全玻璃幕墙技术标准

Technical standard for floor-mounted full glass curtain wall

T/ASSC MQ01—2021

主编单位：上海市建筑学会
施行日期：2022 年 1 月 1 日

同济大学出版社

2021 上海

图书在版编目(CIP)数据

座地式全玻璃幕墙技术标准 / 上海市建筑学会主编. —上海：同济大学出版社，2021.12

ISBN 978-7-5608-9994-7

Ⅰ.①座… Ⅱ.①上… Ⅲ.①幕墙—建筑设计—技术标准 Ⅳ.①TU227-65

中国版本图书馆CIP数据核字(2021)第268840号

座地式全玻璃幕墙技术标准

上海市建筑学会 **主编**

责任编辑 朱 勇

责任校对 徐春莲

封面设计 陈益平

出版发行 同济大学出版社 www.tongjipress.com.cn

(地址:上海市四平路1239号 邮编:200092 电话:021－65985622)

经　　销 全国各地新华书店

印　　刷 苏州市古得堡数码印刷有限公司

开　　本 889mm×1194mm 1/32

印　　张 3.625

字　　数 97 000

版　　次 2021年12月第1版 2021年12月第1次印刷

书　　号 ISBN 978-7-5608-9994-7

定　　价 40.00元

上海市建筑学会文件

沪建会〔2021〕59号

上海市建筑学会关于《座地式全玻璃幕墙技术标准》的通知

各有关单位：

由上海市建筑学会主编的《座地式全玻璃幕墙技术标准》，经审核，现批准为上海市建筑学会团体标准，编号为T/ASSC MQ01—2021，自2022年1月1日起实施。本规范由上海市建筑学会负责管理，上海市建筑学会建筑幕墙专业委员会负责解释，特此通知。

上海市建筑学会

2021年10月27日

前　言

幕墙技术已普遍应用于上海市的各类大型公共建筑和高层建筑，同时也广泛适应着城市建设各方面需求，相关技术标准不断完善，可满足各类建(构)筑物外墙系统自主创新设计要求，并规定长期使用中所执行的各项要求。然而，选用超大玻璃板块的工程设计，突破了当前以玻璃为主要受力构件的全玻璃幕墙技术标准的相关规定。

采用座地式受力设计的超大玻璃板块技术建成的工程项目设计个性强、通透性高、空间大、造价高，近年来在国内及上海市已多有出现。为规范此类工程的材料、设计、制作、安装及各相关技术，确保工程质量与使用安全，总结已建工程项目的设计经验与应用技术，并参考国内外相关数据资料，特组织编制本标准。

本标准不涉及专利内容。

本标准由上海市建筑学会提出并立项。

本标准由上海市建筑学会建筑幕墙专业委员会技术归口。

主 编 单 位:上海市建筑学会

参 编 单 位:华建集团华东建筑设计研究总院
华建集团上海建筑设计研究院有限公司
上海交通大学
同济大学
上海建科检验有限公司
奥雅纳工程咨询有限公司
阿法建筑设计咨询(上海)有限公司
上海江河幕墙系统工程有限公司
五矿瑞和(上海)有限公司

天津北玻玻璃工业技术有限公司
上海粲渤科技有限公司
可乐丽国际贸易(上海)有限公司
思甫悉建筑设计咨询(上海)有限公司
嘉特纳幕墙(上海)有限公司

主要起草人: 陈　峻　贾水钟　张　海　杨　健　陈素文
苏文兰　于　辉　徐　勤　李　江　王常雷
曲　松　周　臻　李春超　郑孝佐　沈　隽
王星尔　赵宸君　曹崇高　金　颖　曲　平
樊　文　陆春晓　李　兵　韩晓阳　席时葭

主要审查人: 萧　愉　刘忠伟　孙宝莲　张其林　孙玉明
施伯年　王元清

目　次

1 总 则

1.0.1 为促进座地式全玻璃幕墙工程持续发展,达到设计合理、技术先进、质量经久、安全实用,特制定本标准,以适应幕墙工程创新需求。

1.0.2 本标准适用于仅以玻璃作为外墙主要结构构件的座地式全玻璃幕墙的工程设计、加工制作、检测检验、安装施工、工程验收以及维护保养。

1.0.3 本标准适用于总高度大于 6 m、不大于 20 m 的座地式全玻璃幕墙工程设计与应用。

1.0.4 座地式全玻璃幕墙支承结构的工程设计使用年限应不小于 50 年,幕墙工程设计使用年限应不小于 25 年。

1.0.5 座地式全玻璃幕墙工程设计、制作安装、检测检验以及维护保养等,必须实行全过程质量控制,除应符合本标准的规定外,尚应符合国家、行业和地方现行相关标准的规定。

2 术语和符号

2.1 术 语

2.1.1 座地式全玻璃幕墙

玻璃板材的自重由底部支承装置承载的全玻璃幕墙。

2.1.2 座地式全玻璃有肋幕墙

以玻璃面板和玻璃肋板组成的座地式全玻璃幕墙。

2.1.3 座地式全玻璃无肋幕墙

仅以玻璃面板组成的座地式全玻璃幕墙。

2.1.4 镶嵌槽

固定玻璃面板及肋板底部与顶部的金属槽。

2.1.5 夹层玻璃的雾度

夹层玻璃透过试样而偏离入射光方向的散射光通量与透射光通量之比。

2.2 符 号

2.2.1 材料力学性能

D ——玻璃的刚度；

E ——玻璃的弹性模量；

G ——玻璃剪切模量；

E_s ——硅酮结构胶弹性模量；

f_g ——玻璃强度设计值；

f_{tb} ——螺栓抗拉强度设计值；

f_{vb} ——螺栓抗剪强度设计值；

G_p——中间层胶片剪切模量；

ν——材料泊松比。

2.2.2 作用和作用效应

d_f——幕墙玻璃构件在风荷载按标准组合作用下产生的最大挠度值；

$d_{f,lim}$——构件挠度限值；

F_k——垂直于玻璃平面的集中荷载作用标准值；

G_k——重力荷载标准值；

M——弯矩设计值；

M_x——绕 x 轴的弯矩设计值；

M_y——绕 y 轴的弯矩设计值；

M_h——孔洞所在位置的弯矩设计值；

M_{cr}——面内受弯构件的屈曲临界弯矩；

N——轴力设计值；

N_{cr}——玻璃肋受压时的弹性屈曲临界荷载；

N'_{lcr}——玻璃面板受压时的弹性屈曲临界线荷载；

P_{Ek}——平行于幕墙平面的集中水平地震作用标准值；

q_{Ek}——垂直于幕墙平面的分布水平地震作用标准值；

q_{lEk}——垂直于玻璃平面的均布线荷载(地震作用)标准值；

R——结构构件抗力设计值；

S——作用效应组合设计值；

S_{Ek}——地震作用效应标准值；

S_{Gk}——永久荷载效应标准值；

S_{Wk}——风荷载效应标准值；

w_0——基本风压；

w_k——风荷载标准值；

w_{lk}——垂直于玻璃平面的均布线荷载(风荷载)标准值；

w_{lk}——垂直于玻璃平面的均布线荷载(风荷载)标准值；

σ_{wk}——风荷载作用下幕墙面板最大应力标准值；

σ_{Ek}——地震作用下幕墙面板最大应力标准值；

$\sigma_{自重}$——自重产生的应力；

$\sigma_{风载,3\ s}$——3 s 风荷载产生的应力；

$\sigma_{风载,10\ min}$——10 min 风荷载产生的应力；

$f_{自重}$——自重长期荷载作用对应的玻璃强度设计值；

$f_{风载,3\ s}$——3 s 风荷载作用对应的玻璃强度设计值；

$f_{风载,10\ min}$——10 min 风荷载作用对应的玻璃强度设计值。

2.2.3 几何参数

a——受压矩形面板的宽度、玻璃面板短边边长；

A——构件截面面积或毛截面面积、幕墙板块面积；

A_{tot}——玻璃截面总面积；

b——受压矩形面板的高度、玻璃面板长边边长；

c——面玻璃之间胶缝宽度；

c_s——硅酮结构密封胶的粘结宽度；

d_i——夹层玻璃最外侧玻璃的玻璃层中心轴距离夹层玻璃中性轴的距离；

l——跨度；

h——截面高度；

s_i——第 i 层玻璃中心轴距截面中性轴的距离；

S_s——平面内变形时接缝沿竖向的相对位移；

t——面板厚度、型材截面厚度；

t_p——中间膜厚度；

n——玻璃层数；

d_s——硅酮结构胶粘接宽度；

t_s——硅酮结构密封胶粘结厚度；

W_x——面内弯曲截面模量；

W'_x——面外有效弯曲截面模量；

W_{eff}——夹层玻璃绕弱轴等效弯曲截面模量；

$W_{i,eff}$——第 i 层玻璃绕弱轴的等效弯曲截面模量；

λ——长细比；

J——单层玻璃的自由扭转惯性矩；

J_{eff}——绕截面形心轴自由扭转惯性矩；

J_{tot}——夹层玻璃截面完全组合时的自由扭转惯性矩；

I_{eff}——夹层玻璃截面绕弱轴的等效惯性矩；

I_{tot}——夹层玻璃截面完全组合对应的绕弱轴截面惯性矩；

I_x——玻璃肋面内惯性矩；

I——单片玻璃绕弱轴的截面惯性矩；

y_h——孔边到中心轴距离；

t_{eff}——夹层玻璃按照挠度等效时的等效厚度；

$t_{eff,\sigma}$——夹层玻璃按最外侧玻璃片应力等效的等效厚度；

δ——硅酮结构密封胶拉伸粘接性能试验中拉应力为 $0.14\ N/mm^2$ 时的伸长率；

θ——风荷载或多遇烈度地震标准值作用下主体结构的楼层弹性层间位移角；

μ_s——平面内变形时结构胶相对玻璃肋相对位移。

2.2.4 系数

α_{max}——水平地震作用系数最大值；

β_E——地震作用动力放大系数；

β_{gz}——阵风系数；

γ_0——结构构件重要性系数；

γ_g——材料自重标准值；

γ_E——地震作用分项系数；

γ_G——永久荷载分项系数；

γ_{RE}——结构构件承载力抗震调整系数；

γ_w——风荷载分项系数；

η——代表截面组合程度的无量纲参数；

μ_s——风荷载体型系数；

μ_z——风压高度变化系数；

ψ_E ——地震作用效应的组合值系数；

ψ_w ——风荷载作用效应的组合值系数；

α_b ——初始缺陷系数；

α_c ——玻璃肋受压时的初始缺陷系数；

α'_c ——玻璃面板受压时的初始缺陷系数；

η_t ——与夹层玻璃剪切模量有关的系数；

η' ——与 θ' 相关的折减系数；

θ' ——参数；

λ_b ——面内受弯构件的正则化长细比；

λ_c ——玻璃肋受压时的正则化长细比；

λ'_c ——玻璃面板受压时的正则化长细比；

μ ——挠度系数；

φ ——稳定系数；

φ_b ——面内受弯构件的侧向扭转失稳系数；

φ_c ——玻璃肋受压时的整体稳定系数；

φ'_c ——玻璃面板受压时的整体稳定系数；

ϕ_b ——用于计算整体稳定系数的中间系数；

ϕ_c ——用于计算受压玻璃肋整体稳定系数的中间系数；

ϕ'_c ——用于计算受压玻璃面板整体稳定系数的中间系数；

ψ ——荷载及边界条件相关系数；

C_1 ——与弯矩分布形式有关的系数；

k ——结构胶侧向支撑线刚度；

k_1 ——玻璃面板受压时的稳定性系数；

m_1 ——玻璃面板高度方向上的屈曲模态半波数量；

m ——弯矩系数；

S_s ——平面内变形时，接缝沿竖向的相对位移；

ζ——位移折减系数；

κ_2——面板旋转角与楼层位移角之比。

3 基本规定

3.0.1 座地式全玻璃幕墙应根据建筑物的使用功能、立面设计、施工技术及造价分析等,确定其构造形式,合理选用材料。

3.0.2 座地式全玻璃幕墙设计应与建筑整体设计相协调,应与所处环境相适应,板块规格应能满足使用需求。

3.0.3 玻璃面板规格尺寸的确定,宜有效利用玻璃原片规格,并适应钢化、镀膜、夹层等生产设备的加工能力。

3.0.4 凡接缝部位的密缝胶均应一次性连续施打。

3.0.5 设计应考虑自重、风荷载、地震作用、外力撞击、温度作用及主体结构支座位移等效应的组合影响。

3.0.6 设计系统构造时,应综合考虑主体结构或结构构件的不均匀沉降、主体结构垂直方向以及层间侧向位移、温度作用、制作及安装误差等因素影响以及玻璃更换方案。

3.0.7 工程实施时,应考虑板块运输、现场存放、吊运安装。玻璃安装到位后,周边不宜再有现场施焊作业。

3.0.8 玻璃面板和玻璃肋均应采用一整块玻璃。

3.0.9 玻璃板块形状宜选用矩形,不宜选用梯形或其他形状。

3.0.10 玻璃面板应采用夹层玻璃或由夹层玻璃制作而成的中空玻璃,玻璃肋应采用钢化夹层玻璃。

3.0.11 玻璃面板、玻璃肋等材料宜存放室内;如露天存放,应有防尘、防晒、防雨等保护措施。

3.0.12 座地式全玻璃幕墙安装前应编制施工组织设计及专项施工计划,并应符合现行国家标准《建筑施工组织设计规范》GB/T 50502 的规定。

4 选材及制作

4.1 一般规定

4.1.1 座地式全玻璃幕墙选用的材料应符合国家及行业现行有关标准的规定。

4.1.2 座地式全玻璃幕墙结构受力构件，除不锈钢外，凡钢材外露的表面应作热浸镀锌处理、无机富锌涂层处理或采取其他有效的防腐措施；铝合金材料宜作表面阳极氧化、电泳涂漆、粉末喷涂或氟碳漆喷涂等技术处理。

4.1.3 加工制作玻璃应在工厂内完成。中空玻璃、夹层玻璃、镀膜玻璃等加工制作环境应符合相关标准的规定。

4.1.4 单片钢化玻璃性能及外观要求应符合现行国家标准《建筑用安全玻璃　第2部分：钢化玻璃》GB 15763.2和《半钢化玻璃》GB/T 17841的相关规定。

4.1.5 玻璃产品或构件经深加工后的光学畸变应符合现行团体标准《建筑玻璃外观质量要求及评定》T/ZBH 001的要求。

4.1.6 幕墙宜采用不燃或难燃材料，其燃烧性能应符合现行国家标准《建筑设计防火规范》GB 50016的有关规定。

4.1.7 选用钢化玻璃时，应按现行国家标准《建筑用安全玻璃　第4部分：均质钢化玻璃》GB 15763.4的规定予以均质处理。

4.1.8 与金属、玻璃以及中性硅酮结构密封胶接触的建筑密封胶，应选用中性硅酮密封胶。

4.1.9 硅酮结构密封胶和建筑密封胶必须在有效期内使用；严禁将建筑密封胶当作硅酮结构密封胶使用。

4.1.10 幕墙材料选择及制作宜全过程采取信息化管理方式。

4.2 玻　璃

4.2.1 单片玻璃应符合下列规定：

1 单片玻璃或构成夹层玻璃、中空玻璃及其他复合结构类型的单片玻璃，宜采用超白浮法玻璃原片加工，或选用外观质量满足现行国家标准《平板玻璃》GB 11614 中优等品要求的浮法玻璃原片加工。

2 单片玻璃或构成夹层玻璃、中空玻璃及其他复合类型的单片玻璃，其表面受到划伤的限度应满足表 4.2.1-1 的要求。

表 4.2.1-1　单片玻璃表面划伤限值要求

缺陷名称	允许范围		允许条数限度
	宽度 W(mm)	长度 L(mm)	
划伤	<0.1	≤75	2.0×S,条
		>75	不允许
	0.1≤W≤75	≤30	主视区:1.0×S,条 边部区域:2.0×S,条
		>30	不允许
	W>0.2	—	不允许

注：1　S 为玻璃板面积，以 1 m^2 为单位，保留至小数点后两位。
　　2　允许条数为各系数与 S 相乘所得的数值，按现行国家标准《数值修约规则与极限数值的表示和判定》GB/T 8170 修约至整数。
　　3　此划伤限值规定适用于镀膜玻璃的玻面和膜面。

3 在玻璃原片切割、打孔、开槽等边缘部位均应倒角及抛光处理。单片钢化玻璃切割边应两面倒棱，且应均匀一致，倒棱后应作三面细磨或抛光加工，整条边的棱宽偏差不应大于 0.5 mm。经细磨后的玻璃端面不应出现亮斑，经抛光后的表面光洁度应大于等于 5 级(R_a6.3)，加工面应呈现光亮，边部不应存在爆边、裂纹等缺陷。

4 单片矩形玻璃经切割后，其对角线允许偏差应满足表 4.2.1-2 的要求；异形玻璃的切割偏差由供需双方商定。

表 4.2.1-2 单片矩形玻璃对角线允许偏差(mm)

玻璃厚度	玻璃边长 $L \leqslant 2\,000$	玻璃边长 $L > 2\,000$
6，8，10，12	≤2.0	≤3.0
15，19	≤3.0	≤3.5

5 单片玻璃钻孔内壁应细磨或抛光处理，无爆边及裂纹。槽口处经细磨或抛光处理，无爆边及裂纹，两面倒棱一致且均匀，棱宽偏差不应大于 1 mm。

6 裸露的玻璃边角部应予以倒安全角或 R 角处理，安全角倒角边长应不小于 5 mm，R 角曲率半径应不小于 5 mm。每片矩形玻璃角部崩边不应多余 1 个，且崩边最大尺寸应不大于玻璃厚度的 1/3。

7 需开孔的单片玻璃面板加工允许偏差应符合表 4.2.1-3 的规定。

表 4.2.1-3 单片玻璃面板加工允许偏差

项目	边长尺寸	矩形玻璃对角线差	钻孔/开槽位置	孔距	孔/槽与玻璃平面垂直度
允许偏差	±1.0 mm	≤2.0 mm	±0.8 mm	±1.0 mm	±12′

4.2.2 钢化玻璃和半钢化玻璃应符合下列规定：

1 半径不小于 2 m 的弯钢化玻璃，高度边弓形弯曲度应不大于 0.15%；半径小于 2 m 的弯钢化玻璃由供需双方商定。

2 钢化和半钢化玻璃表面应无明显的白雾斑状缺陷。

3 钢化玻璃表面应力最大偏差不应大于 12 MPa，表面应力按现行国家标准《建筑用安全玻璃 第 2 部分：钢化玻璃》GB 15763.2 中的规定测量。

4　单片钢化弯弧玻璃弧度边的边部翘曲值应符合表4.2.2的规定。

表4.2.2　单片钢化弯弧玻璃弧度边的边部翘曲值

弯弧玻璃品种	最小半径(mm)	最大允许翘曲值(mm)
5 mm/6 mm 钢化弯弧	2 000	0.7
8 mm～12 mm 钢化弯弧	2 000	0.8
15 mm～19 mm 钢化弯弧	5 000	1.0
Low-E 钢化弯弧	2 000	0.8

4.2.3　镀膜玻璃应符合下列规定：

1　应按照镀膜材料的粘结性能和镀膜技术要求，确定镀膜玻璃的制作工艺。

2　镀膜前，应将玻璃表面清洗干净。

3　镀膜玻璃基本性能及外观缺陷质量应符合现行国家标准《镀膜玻璃》GB/T 18915.1～2的相关规定。

4.2.4　中空玻璃应按照现行国家标准《中空玻璃》GB/T 11944的有关规定选用，并应满足下列要求：

1　中空玻璃气体层厚度应不小于12 mm。

2　中空玻璃应采用双道密封，由专用注胶机混合与注胶。第一道密封应采用丁基热熔密封胶，第二道密封应采用硅酮结构密封胶，结构胶宽度经计算确定。

3　中空玻璃的孔位应采用大、小孔相对应的方式。合片时，孔位应采取多道密封措施。

4　中空玻璃的间隔铝合金框可采用连续折弯型或插角型，不应使用热熔型间隔胶条。间隔铝框中的干燥剂由专用设备装填。

5　中空玻璃合片加工时，应采取措施防止玻璃表面产生凹凸变形。

6　中空玻璃的单片玻璃厚度不应小于10 mm，两片玻璃厚度差应不大于3 mm。

4.2.5 夹层玻璃应符合下列规定：

1 夹层玻璃应根据选用的胶片类型及安全要求，选择干法夹胶工艺加工。

2 夹层玻璃用的中间夹层胶片宜采用离子性中间膜胶片，其物理力学性能应符合现行团体标准《离子性中间膜》T/ZBH 014 的规定。

3 夹层玻璃的叠差要求应符合现行团体标准《建筑玻璃外观质量要求及评定》T/ZBH 001 的规定。

4 夹层玻璃的性能应符合现行国家标准《建筑用安全玻璃 第3部分：夹层玻璃》GB 15763.3 的规定。

5 夹层玻璃的雾度应不大于2%。

6 夹层玻璃需打孔时，同一孔位处的单片玻璃的圆心偏差不应超过0.5 mm。

4.3 其他材料

4.3.1 钢材、钢制品应符合下列规定：

1 选用的钢材、钢制品表面不得有裂纹、气泡、结疤、泛锈、夹渣等瑕疵，其牌号、规格、化学成分、力学性能、质量等级应符合现行国家有关标准规定。

2 不锈钢材料宜采用奥氏体不锈钢或奥氏体-铁素体型双相不锈钢，并应经固溶处理。不锈钢板应符合现行国家标准《不锈钢冷轧钢板和钢带》GB/T 3280 和《不锈钢热轧钢板和钢带》GB/T 4237 的规定。

4.3.2 结构胶与密封材料应符合下列规定：

1 硅酮结构密封胶应符合现行行业标准《建筑幕墙用硅酮结构密封胶》JG/T 475 的规定。中空玻璃用硅酮密封胶应符合现行行业标准《建筑门窗幕墙用中空玻璃弹性密封胶》JG/T 471 的规定。

2 硅酮结构密封胶和硅酮建筑密封胶应具备产品合格证、有质保年限的质量保证书及相关性能检测报告。生产商应提供硅酮结构密封胶拉伸试验应力-应变曲线图及结构胶弹性模量。

3 同一幕墙工程应采用同一品牌的硅酮结构密封胶和硅酮建筑密封胶。

4 硅酮结构密封胶和硅酮建筑密封胶必须在有效期内使用，使用前应取得与其接触材料的相容性试验合格报告，报告应由有相应资质的检测机构出具。硅酮结构密封胶还应做剥离粘结性试验和邵氏硬度试验。

5 幕墙用耐候密封胶应采用中性硅酮建筑密封胶，其性能应符合现行国家标准《硅酮和改性硅酮建筑密封胶》GB/T 14683 的规定。不应使用添加矿物油或其他有害增塑剂的硅酮建筑密封胶。嵌缝用的密封胶应选用大变位硅酮耐候密封胶，并应符合现行行业标准《幕墙玻璃接缝用密封胶》JC/T 882 的规定。

5 设 计

5.1 一般规定

5.1.1 玻璃面板应选用夹层玻璃或由夹层玻璃组成的中空玻璃，夹层玻璃单片厚度不宜小于 10 mm，宜采用半钢化或钢化玻璃。

5.1.2 玻璃肋应采用夹层玻璃，玻璃不宜少于 3 片，单片厚度不应小于 12 mm。

5.1.3 玻璃自重不应由结构胶承受。

5.1.4 开孔或开槽玻璃应采用钢化玻璃。

5.1.5 幕墙玻璃构件承受面内荷载的分析可采用弹性理论。

5.1.6 作用在幕墙玻璃上的荷载作用应按现行国家标准《建筑结构荷载规范》GB 50009 的有关规定计算。

5.1.7 幕墙玻璃构件进行承载能力极限状态设计，应按荷载的基本组合或偶然组合计算荷载组合的效应设计值。荷载组合按现行国家标准《建筑结构可靠性设计统一标准》GB 50068 的相关规定计算，且应符合下式规定：

$$\gamma_0 S \leqslant R \tag{5.1.7}$$

式中：γ_0——玻璃结构构件重要性系数，取值不小于 1.0；

S——作用效应组合设计值，包括荷载基本组合效应设计值、荷载偶然组合效应设计值；

R——玻璃结构构件抗力设计值，可按现行行业标准《建筑玻璃应用技术规程》JGJ 113 的有关规定计算。

5.1.8 幕墙玻璃构件在风荷载按标准组合作用下产生的最大挠度值应符合下式规定：

$$d_f \leqslant [d] \tag{5.1.8}$$

式中：d_f——幕墙玻璃构件在风荷载按标准组合作用下产生的最大挠度值；

$[d]$——幕墙玻璃构件挠度容许值。

5.2 作用效应和组合

5.2.1 幕墙结构可按弹性方法计算，计算模型应按构件连接的实际情况确定，计算假定应与结构的实际工作性能相一致。

5.2.2 对于发生大变形的幕墙构件，作用效应计算时应考虑几何非线性影响。

5.2.3 当作用和作用效应可按线弹性方法计算时，幕墙玻璃构件承载力极限状态的作用效应组合应符合下列规定：

1 无地震作用效应组合时

$$S = \gamma_G S_{Gk} + \psi_w \gamma_w S_{Wk} \tag{5.2.3-1}$$

2 有地震作用效应组合时

$$S = \gamma_G S_{Gk} + \psi_E \gamma_E S_{Ek} + \psi_w \gamma_w S_{Wk} \tag{5.2.3-2}$$

式中：S_{Gk}——永久荷载效应标准值；

S_{Wk}——风荷载效应标准值；

S_{Ek}——地震作用效应标准值；

γ_E——地震作用分项系数；

γ_w——风荷载分项系数；

ψ_w——风荷载作用效应的组合值系数；

ψ_E——地震作用效应的组合值系数。

5.2.4 幕墙玻璃构件的承载力设计，作用（效应）分项系数应按下列规定取值：

1 不考虑地震作用，当其作用效应对承载力不利时，永久荷载分项系数取 1.3，风荷载、雪荷载等其他可变荷载的分项系数取 1.5；当其作用效应对承载力有利时，永久荷载分项系数取值不应大于 1.0，风荷载、雪荷载等其他可变荷载的分项系数取 1.0。

2 考虑地震作用时，应符合现行国家标准《建筑抗震设计规范》GB 50011 和现行上海市工程建设规范《建筑抗震设计规程》DGJ 08—9 的规定。当其作用效应对承载力不利时，永久荷载分项系数取 1.2；当其作用效应对承载力有利时，取值不应大于 1.0。风荷载、雪荷载等其他可变荷载的分项系数取 1.4。水平地震作用分项系数取 1.3。

5.2.5 可变作用的组合值系数应按下列规定取值：

1 不考虑地震作用，当风荷载效应起控制作用时，风荷载组合值系数取 1.0。

2 考虑地震作用时，风荷载组合值系数取 0.2，地震荷载组合值系数取 1.0。

5.2.6 幕墙玻璃构件承载力设计值应根据荷载方向、荷载类型、最大应力点位置、玻璃种类和玻璃厚度选择。

5.2.7 承受不同持荷时间可变荷载作用的玻璃幕墙构件，宜分别计算玻璃幕墙构件在不同持荷时间可变荷载作用下的效应设计值，且构件各作用效应设计值与对应抗力设计值的比值之和不应大于 1。

$$\sum_{i} \frac{S_i}{R_i} \leqslant 1 \tag{5.2.7}$$

式中：S_i——第 i 种持荷时间作用下的作用效应设计值；

R_i——第 i 种持荷时间作用下的抗力设计值。

5.2.8 对于玻璃幕墙构件的荷载效应分析，可采用本标准一阶弹性分析法或采用直接分析法。

5.2.9 玻璃幕墙构件宜进行玻璃破裂后结构安全分析，对于夹层玻璃应考虑至少某一片玻璃失效后，其荷载效应取荷载偶然组合效应设计值。

5.3 玻璃肋设计

5.3.1 玻璃肋的设计应满足承载能力极限状态和正常使用极限状态；端部上墙连接设计时，应采取抗扭转措施，且连接件的抗扭刚度不应低于玻璃肋本身的抗扭刚度。

5.3.2 玻璃肋的挠度限值在跨度不大于 7.2 m 时，不应大于其跨度的 1/300 且不应超过 20 mm；跨度大于 7.2 m 时，不应大于其跨度的 1/360。

5.3.3 当玻璃肋不承受其他构件传递的轴向荷载时，玻璃肋可按面内压弯构件计算。面内压弯构件应满足截面抗弯承载力和整体稳定性要求。

5.3.4 面内受弯时，截面抗弯承载力一阶弹性分析法可按下式计算：

$$\frac{M_x}{W_x f_g} \leqslant 1 \tag{5.3.4-1}$$

式中：M_x——面内弯矩设计值（N·mm）；

W_x——面内弯曲截面模量（mm^3），应忽略中间膜的有利作用；

f_g——玻璃强度设计值（N/mm^2），按端面强度取用。

当玻璃肋有开孔时，还应校核弯矩设计值产生孔壁应力，同时应考虑由于开孔产生应力集中现象，其应力集中系数取 3.0。

$$3.0\frac{M_h}{I_x}y_h \leqslant f_g \tag{5.3.4-2}$$

式中：M_h——孔洞所在位置的弯矩设计值（N·mm）；

y_h——孔边到中心轴距离（mm）；

I_x——玻璃肋面内惯性矩（mm^4）。

5.3.5 面内受弯时，整体稳定性一阶弹性分析法可按下式计算：

$$\frac{M_x}{\varphi_b W_x f_g} \leqslant 1 \tag{5.3.5}$$

式中：M_x——面内弯矩设计值(N·mm)；

W_x——面内弯曲截面模量(mm^3)；

φ_b——面内受弯构件的侧向扭转失稳系数，当计算结果大于 1.0 时取 1.0，按本标准第 5.3.6 条计算；

f_g——玻璃强度设计值(N/mm^2)，按边缘强度取用。

5.3.6 面内受弯侧向扭转稳定系数可按下式计算：

$$\varphi_b = \frac{1}{\phi_b + \sqrt{\phi_b^2 - \lambda_b^2}} \tag{5.3.6-1}$$

$$\phi_b = 0.5[1 + \alpha_b(\lambda_b - 0.2) + \lambda_b^2] \tag{5.3.6-2}$$

$$\lambda_b = \sqrt{\frac{W_x f_g}{M_{cr}}} \tag{5.3.6-3}$$

式中：ϕ_b——用于计算整体稳定系数的中间系数；

α_b——初始缺陷系数，可取 0.26；

λ_b——面内受弯构件的正则化长细比；

f_g——玻璃强度设计值(N/mm^2)，按边缘强度取用；

M_{cr}——面内受弯构件的屈曲临界弯矩(N·mm)。

5.3.7 当玻璃肋通过硅酮结构胶与玻璃幕墙面板通长连续连接时，面内受弯的玻璃肋一阶弹性临界屈曲临界弯矩可按下式计算：

$$M_{cr} = C_3 \frac{\sqrt{h^2 k^2 l^6 + 4\pi^2 k l^4 G J_{eff}} - h k l^3}{2\pi^2 l} \tag{5.3.7-1}$$

$$k = \frac{E_s d_s}{3 t_s} \tag{5.3.7-2}$$

式中：C_3——系数，按表 5.3.7 取用；

h——玻璃肋截面高度(mm),默认结构胶在玻璃肋长边边缘;

E——玻璃的弹性模量(N/mm^2);

G——玻璃剪切模量(N/mm^2);

J_{eff}——绕截面形心轴自由扭转惯性矩(mm^4),按本标准第 5.3.8 条计算;

k——结构胶侧向支撑线刚度(N/mm^2);

E_s——硅酮结构胶弹性模量(N/mm^2),由厂家提供;

d_s——硅酮结构胶粘接宽度(mm);

t_s——硅酮结构胶粘接厚度(mm);

l——夹层玻璃构件的计算跨度(mm)。

表 5.3.7　系数 C_3 取值

荷载形式	跨中集中力(作用于无结构胶侧)	跨中集中力(作用于结构胶约束侧)	均布荷载	端弯矩
C_3	0.85	0.75	0.95	1.00

5.3.8　采用厚度相同的玻璃片制成的夹层玻璃肋绕截面形心轴自由扭转惯性矩可按下式计算:

$$J_{eff}=\frac{1}{\frac{\eta_t}{J_{tot}}+\frac{1-\eta_t}{nJ}} \tag{5.3.8-1}$$

$$\eta_t=\frac{1}{1+\frac{12n(n+1)t^3t_pG(l^2+h^2)}{[t^2+(n^2-1)(t+t_p)^2]G_pl^2h^2}} \tag{5.3.8-2}$$

$$J_{tot}=\frac{h}{3}nt[t^2+(n^2-1)(t+t_p)^2] \tag{5.3.8-3}$$

$$J=\frac{h}{3}t^3 \tag{5.3.8-4}$$

式中：t——单片玻璃的厚度(mm)；

n——玻璃层数；

J——单层玻璃的自由扭转惯性矩(mm^4)；

J_{tot}——夹层玻璃截面完全组合时的自由扭转惯性矩(mm^4)；

η_t——与夹层玻璃剪切模量有关的系数；

t_p——中间膜厚度(mm)；

l——夹层玻璃肋的计算跨度(mm)；

G_p——中间层胶片剪切模量(N/mm^2)。

5.3.9 当玻璃肋为两端简支且无侧向支撑时，面内受弯的玻璃肋临界弯矩可按下式计算：

$$M_{cr}=C_1\frac{\pi}{l}\sqrt{EI_{eff}GJ_{tot}} \tag{5.3.9}$$

式中：I_{eff}——夹层玻璃截面绕弱轴的等效惯性矩(mm^4)，按本标准第5.3.10条确定；

J_{tot}——夹层玻璃截面完全组合时的自由扭转惯性矩(mm^4)，按本标准第5.3.8条确定；

C_1——与弯矩分布形式有关的系数，按表5.3.9取值。

表5.3.9 系数 C_1 的取值

弯矩分布形式	C_1
常数(纯弯曲)	1.00
双线性(玻璃肋中点弯矩为零)	2.70
抛物线(两端弯矩为零，中部弯矩最大)	1.13
三角形(两端弯矩为零，中部弯矩最大)	1.36

5.3.10 分析夹层玻璃面外受弯效应时，可将夹层玻璃等效为单片玻璃进行计算。采用厚度相同的玻璃片制成的夹层玻璃截面绕弱轴的等效惯性矩、等效截面模量和等效厚度可按下列规定计算：

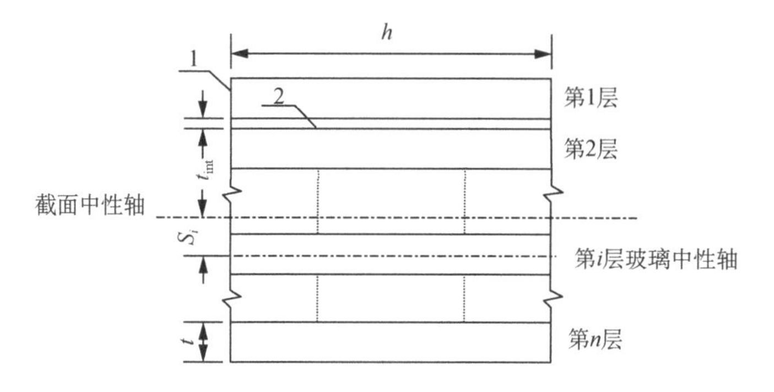

1—玻璃层；2—中间膜

图 5.3.10　夹层玻璃面外受弯时的示意图

1　夹层玻璃截面绕弱轴的等效惯性矩可按下式计算：

$$I_{eff}=\frac{ht_{eff}^3}{12} \tag{5.3.10-1}$$

$$t_{eff}=\frac{1}{\sqrt[3]{\frac{\eta}{(nt)^3}+\frac{1-\eta}{nt^3}}} \tag{5.3.10-2}$$

$$\eta=\frac{1}{1+\frac{EIt_p}{12G_phl^2}\frac{n^2A(n+1)}{I_{tot}}\psi} \tag{5.3.10-3}$$

$$A=ht \tag{5.3.10-4}$$

$$I=\frac{ht^3}{12} \tag{5.3.10-5}$$

$$I_{tot}=\frac{h(nt)^3}{12} \tag{5.3.10-6}$$

式中：I_{eff}——夹层玻璃截面绕弱轴的等效惯性矩（mm^4）；

t_{eff}——夹层玻璃按挠度等效的等效厚度（mm）；

W_{eff}——夹层玻璃绕弱轴等效弯曲截面模量(mm^3);

t——单片玻璃的厚度(mm);

n——玻璃层数;

η——代表截面组合程度的无量纲参数;

E——玻璃弹性模量(N/mm^2);

t_p——中间膜厚度(mm);

G_p——中间层胶片剪切模量(N/mm^2);

h——玻璃截面高度(mm);

l——夹层玻璃构件的计算跨度(mm),四边支承时取短边跨度;

A——单片玻璃的截面面积(mm^2);

I——单片玻璃绕弱轴的截面惯性矩(mm^4);

I_{tot}——夹层玻璃截面完全组合对应的绕弱轴截面惯性矩(mm^4);

ψ——荷载及边界条件相关系数,均布荷载作用下可取9.88,集中荷载作用下可取10.00。

2 采用等厚度玻璃片的夹层玻璃弯曲应力可仅计算最外侧玻璃应力。最外侧玻璃应力的等效截面模量可按下式计算:

$$W_{eff}=\frac{h}{6\left(\frac{n-1}{n^3t^2}\eta+\frac{t}{t_{eff}^3}\right)} \tag{5.3.10-7}$$

式中:W_{eff}——夹层玻璃绕弱轴等效弯曲截面模量(mm^3);

t_{eff}——夹层玻璃按挠度等效的等效厚度(mm)。

3 采用等厚度玻璃片的夹层玻璃第 i 层玻璃绕弱轴的等效截面模量可按下式计算:

$$W_{i,eff}=\frac{h}{\frac{12\eta s_i}{n^3t^3}+\frac{6t}{t_{eff}^3}} \tag{5.3.10-8}$$

式中：$W_{i,\mathrm{eff}}$——第 i 层玻璃绕弱轴的等效弯曲截面模量(mm^3)；

s_i——第 i 层玻璃中心轴距截面中性轴的距离(mm)。

4 采用等厚度玻璃片的夹层玻璃等效厚度按照挠度等效和应力等效分为两类。其中，按挠度等效的等效厚度按式(5.3.10-2)计算；按最外侧应力等效的等效厚度可按下式计算：

$$t_{\mathrm{eff},\sigma}=\frac{1}{\sqrt{\frac{2\eta d_i}{n^3t^3}+\frac{t}{t_{\mathrm{eff}}^3}}} \tag{5.3.10-9}$$

式中：$t_{\mathrm{eff},\sigma}$——夹层玻璃按最外侧玻璃片应力等效的等效厚度(mm)；

d_i——夹层玻璃最外侧玻璃的玻璃层中心轴距离夹层玻璃中性轴的距离(mm)。

5.3.11 当玻璃肋承受其他构件传递的轴向荷载时，可按轴心受压-面内受弯的压弯构件计算。压弯构件应满足平面外整体稳定性要求，其一阶弹性分析法可按下式计算：

$$\frac{N}{\varphi_{\mathrm{c}}A_{\mathrm{tot}}f_{\mathrm{g}}}+\frac{M_{\mathrm{x}}}{\varphi_{\mathrm{b}}W_{\mathrm{x}}f_{\mathrm{g}}}\leqslant 1 \tag{5.3.11-1}$$

$$\varphi_{\mathrm{c}}=\frac{1}{\phi_{\mathrm{c}}+\sqrt{\phi_{\mathrm{c}}^2-\lambda_{\mathrm{c}}^2}} \tag{5.3.11-1}$$

$$\phi_{\mathrm{c}}=0.5[1+\alpha_{\mathrm{c}}(\lambda_{\mathrm{c}}-0.6)+\lambda_{\mathrm{c}}^2] \tag{5.3.11-2}$$

$$\lambda_{\mathrm{c}}=\sqrt{\frac{A_{\mathrm{tot}}f_{\mathrm{g}}}{N_{\mathrm{cr}}}} \tag{5.3.11-3}$$

式中：ϕ_{c}——玻璃肋受压时的整体稳定系数，当计算结果大于1.0 时取 1.0；

ϕ_{c}——用于计算受压玻璃肋整体稳定系数的中间系数；

A_{tot}——玻璃肋的玻璃截面总面积(mm^2)；

α_{c}——玻璃肋受压时的初始缺陷系数，可取 0.71；

λ_c——玻璃肋受压时的正则化长细比；

f_g——玻璃强度设计值(N/mm^2)，按边缘强度取用；

M_x——面内弯矩设计值(N·mm)；

N——截面轴力设计值(N)；

N_{cr}——玻璃肋受压时的弹性屈曲临界荷载(N)，按本标准第 5.3.12 条计算。

5.3.12 玻璃肋轴心受压时的弹性屈曲临界荷载可按下式计算：

$$N_{cr}=\frac{\pi^2 EI_{eff}}{l^2} \tag{5.3.12}$$

式中：I_{eff}——夹层玻璃截面绕弱轴的等效惯性矩(mm^4)，按本标准第 5.3.10 条计算。

5.3.13 玻璃肋设计时宜采用至少一层额外的玻璃作为安全储备，并根据本标准第 5.2.9 条进行安全校核。

5.3.14 采用直接分析法时，应考虑二阶 $P\sim\Delta$ 效应和初始几何缺陷，并且进行非线性分析。构件整体初始几何缺陷模式按最低阶整体屈曲模态采用，对于长度不大于 7.2 m 的矩形截面玻璃肋，其构件最大初始几何缺陷值按照表 5.3.14 取值。对于长度大于 7.2 m 的玻璃肋初始几何缺陷，应由甲乙供货双方根据产品数据商定。

表 5.3.14 面内受弯矩形截面玻璃构件初始缺陷值

玻璃材料	u_t
平板玻璃	$L/360$
半钢化玻璃	$L/300$
钢化玻璃	$L/240$

注：L 为构件计算跨度。

5.3.15 在风荷载标准值作用下，长度大于 7.2 m 的玻璃肋挠度宜进行非线性有限元分析；玻璃肋挠度 d_f 也可按上海市工程建设规范《建筑幕墙工程技术标准》DG/TJ 08—56—2019 中第 16.3.4 条之规定计算。

5.4 玻璃面板设计

5.4.1 玻璃面板设计应满足承载能力极限状态和正常使用极限状态。

5.4.2 座地式玻璃幕墙的玻璃面板设计可采用非线性有限元方法，也可按公式计算。

5.4.3 四边支承的玻璃面板挠度限值应取短边跨度的 1/60；两对边或三边支承时，挠度限值应取自由边跨度的 1/100。

5.4.4 玻璃面板宜按照轴心受压-面外受弯构件进行设计，玻璃面板一阶弹性分析法的整体稳定性可按下式计算：

$$\frac{N}{\varphi'_{c}A_{tot}f_{g}}+\frac{M_{x}}{W'_{x}f_{g}(1-0.8N/N'_{cr})}\leqslant 1 \quad (5.4.4\text{-}1)$$

$$\varphi'_{c}=\frac{1}{\phi'_{c}+\sqrt{\varphi'^{2}_{c}-\lambda'^{2}_{c}}} \quad (5.4.4\text{-}2)$$

$$\varphi'_{c}=0.5[1+\alpha'_{c}(\lambda'_{c}-0.8)+\lambda'^{2}_{c}] \quad (5.4.4\text{-}3)$$

$$\lambda'_{c}=\sqrt{\frac{A_{tot}f_{g}}{N'_{cr}}} \quad (5.4.4\text{-}4)$$

式中：φ'_{c}——玻璃面板受压时的整体稳定系数，当计算结果大于 1.0 时取 1.0；

ϕ'_{c}——用于计算受压玻璃面板整体稳定系数的中间系数；

A_{tot}——玻璃面板的玻璃截面总面积(mm^2)；

W'_{x}——面外有效弯曲截面模量(mm^3)，按照本标准式(5.3.10-7)计算；

α'_{c}——玻璃面板受压时的初始缺陷系数，可取 0.49；

λ'_c——玻璃面板受压时的正则化长细比；

f_g——玻璃强度设计值(N/mm^2)，按边缘强度取用；

M_x——面外弯矩设计值(N·mm)；

N——截面轴力设计值(N)；

N'_{cr}——玻璃面板受压时的弹性屈曲临界荷载(N)，可按本标准第5.4.5条及第5.4.7条计算。

5.4.5 四边简支的玻璃面板受压时的弹性屈曲临界荷载可按下式计算：

$$N'_{lcr}=k_1\frac{E\pi^2 t_{eff}^3}{12b^2(1-v^2)} \tag{5.4.5-1}$$

$$N'_{cr}=N'_{lcr}b \tag{5.4.5-2}$$

式中：v——玻璃材料的泊松比；

k_1——玻璃面板受压时的稳定性系数，可按本标准第5.4.6条和第5.4.7条计算；

b——受压矩形面板的宽度(mm)；

t_{eff}——夹层玻璃按挠度等效的等效厚度(mm)；

N'_{lcr}——玻璃面板受压时的弹性屈曲临界线荷载(N/mm)，沿宽度分布。

5.4.6 四边简支的玻璃面板受压时的稳定性系数可按下式计算：

$$k_1=\left(\frac{m_1a}{b}+\frac{b}{m_1a}\right)^2 \tag{5.4.6}$$

式中：a——受压矩形面板的宽度(mm)；

b——受压矩形面板的高度(mm)；

m_1——玻璃面板高度方向上的屈曲模态半波数量，假设屈曲临界荷载最小，则m_1可取1。

5.4.7 非四边简支的玻璃面板受压时的稳定性系数可按表5.4.7取值，高宽比b/a超过4的面板可按高宽比为4取值。

表 5.4.7　非四边简支的玻璃面板受压稳定性系数

边界条件	上下侧简支								三侧简支,其中上下侧简支							
高宽比	0.5	1.0	1.5	2.0	2.5	3.0	3.5	4.0	0.5	1.0	1.5	2.0	2.5	3.0	3.5	4.0
k_1	5.906	3.280	3.109	3.241	3.092	3.252	3.092	3.221	5.043	1.511	0.908	0.719	0.628	0.568	0.548	0.530
边界条件	面板四个角点点支								面板四个角点点支,左右两侧中点点支							
高宽比	0.5	1.0	1.5	2.0	2.5	3.0	3.5	4.0	—	1.0	1.5	2.0	2.5	3.0	3.5	4.0
k_1	3.953	0.960	0.424	0.234	0.150	0.113	0.084	0.050	—	2.791	1.644	0.986	0.615	0.417	0.325	0.251

5.4.8 采用直接分析法时，应考虑二阶 $P\sim\Delta$ 效应、大变形效应及初始几何缺陷，并应进行非线性分析。构件整体初始几何缺陷模式应按最低阶整体屈曲模态采用，对于高度不大于 7.2 m 的玻璃面板，其构件最大初始几何缺陷值应按照表 5.3.14 取值；对于高度大于 7.2 m 的玻璃面板初始几何缺陷，应由甲乙供货双方根据产品数据商定。

表 5.4.8 玻璃面板初始几何缺陷值

玻璃材料	u_t
平板玻璃	$L/500+3$
半钢化玻璃	$L/400+3$
钢化玻璃	$L/300+3$

注：L 为面板计算跨度。

5.4.9 无肋支撑的玻璃面板设计时，宜采用至少一层额外的玻璃作为安全储备，并根据本标准第 5.2.9 条进行安全校核。

5.4.10 在垂直于玻璃平面的荷载作用下，玻璃面板的跨中最大应力宜按几何非线性有限元方法计算，也可按下列规定计算：

1 四边支承的玻璃面板跨中最大应力

$$\sigma_{wk}=\frac{6mw_k a^2}{t^2}\eta' \tag{5.4.10-1}$$

$$\sigma_{Ek}=\frac{6mq_{Ek} a^2}{t^2}\eta' \tag{5.4.10-2}$$

$$\theta'=\frac{w_k a^4}{Et^4} \text{ 或 } \theta'=\frac{(q_{Ek}+0.2w_k)a^4}{Et^4} \tag{5.4.10-3}$$

式中：θ' ——参数；

η' ——和 θ' 相关的折减系数，按表 5.4.10-1 取值；

w_k ——风荷载标准值（N/mm^2）；

q_{Ek} ——地震作用标准值（N/mm^2）；

σ_{wk}——风荷载作用下玻璃截面的最大应力标准值（N/mm²）；

σ_{Ek}——地震作用下玻璃截面的最大应力标准值（N/mm²）；

a——矩形玻璃面板短边边长（mm）；

t——单片玻璃的厚度（mm）或夹层玻璃的等效厚度（mm），按本标准式（5.3.10-2）计算；

m——弯矩系数，由玻璃面板短边与长边边长之比 a/b 按表 5.4.10-2 取值。

表 5.4.10-1　四边支承玻璃面板的折减系数

θ	≤5	10	20	40	60	80	100
η'	1.00	0.96	0.92	0.84	0.78	0.73	0.68
θ	120	150	200	250	300	350	≥400
η'	0.65	0.61	0.57	0.54	0.52	0.51	0.50

表 5.4.10-2　四边支承玻璃面板的弯矩系数 *m*

a/b	0.01	0.25	0.33	0.40	0.50	0.55	0.60	0.65
m	0.125 0	0.123 0	0.118 0	0.111 5	0.100 0	0.093 4	0.086 8	0.080 4
a/b	0.70	0.75	0.80	0.85	0.90	0.95	1.0	
m	0.074 2	0.068 3	0.062 8	0.057 6	0.052 8	0.048 3	0.044 2	

2　对边支承的受均布荷载作用的玻璃面板跨中最大应力

$$\sigma_{wk}=\frac{w_{lk}l^2}{8W_{i,eff}} \tag{5.4.10-4}$$

$$\sigma_{Ek}=\frac{q_{lEk}l^2}{8W_{i,eff}} \tag{5.4.10-5}$$

式中：l——对边支承玻璃面板的计算跨度（mm）；

$W_{i,eff}$——夹层玻璃截面中第 i 层玻璃绕弱轴的等效截面模量（mm³），按本标准式（5.3.10-8）计算；

w_{lk}——垂直于玻璃平面的均布线荷载（风荷载）标准值(N/mm)，沿高度方向分布；

q_{lEk}——垂直于玻璃平面的均布线荷载（地震作用）标准值(N/mm)，沿高度方向分布。

3 对边支承的受跨中集中荷载作用的玻璃面板跨中最大应力

$$\sigma_k = \frac{F_k l}{4 W_{i,\mathrm{eff}}} \tag{5.4.10-6}$$

式中：F_k——垂直于玻璃平面的集中荷载作用标准值(N)。

5.4.11 最大应力设计值应按本标准第 5.2 节的规定组合。

5.4.12 最大应力设计值不应超过玻璃中部强度设计值，对边支承或三边支承面板不应超过玻璃边缘强度设计值。

5.4.13 四边支承的玻璃面板在风荷载作用下的跨中挠度宜按几何非线性有限元方法计算，也可按下式计算：

$$d_f = \frac{\mu w_k a^4}{D} \eta' \tag{5.4.13-1}$$

$$D = \frac{E t^3}{12(1-\nu^2)} \tag{5.4.13-2}$$

式中：μ——挠度系数，由玻璃面板短边与长边边长之比 a/b 按表 5.4.13 取值；

w_k——风荷载标准值(N/mm²)；

a——玻璃面板短边边长(mm)；

η'——折减系数，按表 5.4.10-1 取值；

D——玻璃的刚度(N·mm)；

t——单片玻璃的厚度(mm)或夹层玻璃的等效厚度(mm)，按本标准式(5.3.10-2)计算；

ν——玻璃泊松比，取 0.2。

表 5.4.13　四边支承玻璃面板的挠度系数 μ

a/b	0.01	0.20	0.25	0.33	0.50
μ	0.013 02	0.012 97	0.012 82	0.012 23	0.010 13
a/b	0.55	0.60	0.65	0.70	0.75
μ	0.009 40	0.008 67	0.007 96	0.007 27	0.006 63
a/b	0.80	0.85	0.90	0.95	1.00
μ	0.006 03	0.005 47	0.004 96	0.004 49	0.004 06

5.4.14　对边支承的玻璃面板在风荷载作用下的跨中挠度宜按几何非线性有限元方法计算，也可按下式计算：

$$d_{\mathrm{f}}=\frac{5w_{\mathrm{lk}}l^{4}}{384EI} \tag{5.4.14}$$

式中：I ——单片玻璃或夹层玻璃截面绕弱轴的惯性矩（mm^4），夹层玻璃等效惯性矩按本标准式(5.3.10-1)计算；

w_{lk} ——垂直于玻璃平面的均布线荷载（风荷载）标准值(N/mm)，沿高度分布。

5.4.15　中空玻璃面板的跨中最大应力和挠度应根据内外玻璃各自承受的荷载进行计算，其荷载分配应按现行上海市工程建设规范《建筑幕墙工程技术标准》DG/TJ 08—56 的相关规定进行计算。

5.5　极限荷载条件下的座地式玻璃幕墙设计

5.5.1　在需要考虑爆炸作用情况时，可通过降低碎片扩散的方式来减轻危害。

5.5.2　有防爆需求的位置使用的夹层玻璃，特殊情况下可采用聚氨酯中间膜。玻璃也可和采用聚氨酯中间膜进行粘合的复合聚碳酸酯层进行夹合处理。

5.5.3　可采用粘合密封剂将玻璃粘固于支撑系统或采用其他适当

的构造措施，以保证爆炸破坏后的膜效应力正常传递至支撑系统。

5.5.4 在需要考虑防物体冲击的情况时，夹层玻璃宜采用至少一层聚碳酸酯层来增强抗冲击性能。夹层玻璃应避免受冲击时被贯穿，并尽量避免受冲击背侧玻璃碎片的飞溅。

5.5.5 可采用仿真模拟验算夹层玻璃在特定物体冲击荷载下是否被贯穿。

5.5.6 安装在易受到人体或者物体碰撞部位的建筑玻璃，应采取保护措施。

5.5.7 在进行玻璃幕墙抗震设计时，应考虑玻璃的破坏可能造成的意外伤亡，应保证有较好的结构整体稳固性来防止玻璃构件倒塌范围的扩大。

5.5.8 玻璃幕墙整体都应具有一定的协调性，尤其在节点连接处，必要时可采用较为复杂的节点。但下属情况时，应考虑玻璃与支撑结构的变形协调性：

1 与混凝土徐变、沉降及收缩相关的位移。

2 结构内部层间位移引起的横向位移。

3 相邻层间可能存在的竖向相对变形引起的竖直方向位移。

4 玻璃板块之间相对竖向位移。

5.5.9 有抗震要求的玻璃幕墙，应具备抵抗推压位移的能力。设计时，应考虑在常规静态荷载作用下附加横向与纵向地震荷载。

5.6 座地式玻璃幕墙整体稳固性设计

5.6.1 设计中，应考虑玻璃层开裂后的玻璃构件开裂所造成的影响。玻璃构件的连接设计应能保证玻璃碎片和破坏的构件在构件更换完成前处于较安全的位置。

5.6.2 考虑玻璃构件开裂后状态的设计中，可根据工程经验忽略开裂的玻璃层作用。

5.6.3 在设计玻璃幕墙时，应保证在某一处构件破坏后，其周围的构件足以承载由此重新分布的荷载。

5.6.4 设计时，应采取额外措施加强玻璃幕墙的整体性和稳固性，尽量降低局部破坏引发的整体倒塌风险。

5.7 构造设计

5.7.1 全玻璃幕墙的周边收口槽壁与玻璃面板或玻璃肋的空隙均应不小于 10 mm，槽壁与玻璃间应采用硅酮密封胶密封(图 5.7.1-1 和图 5.7.1-2)。

5.7.2 面板及玻璃肋不得与其他刚性材料直接接触。面板与装饰面或结构面之间的空隙应不小于 10 mm，且应采用硅酮密封胶密封。玻璃面板和玻璃肋底部入槽深度不小于 1 倍～1.5 倍的玻璃厚度。

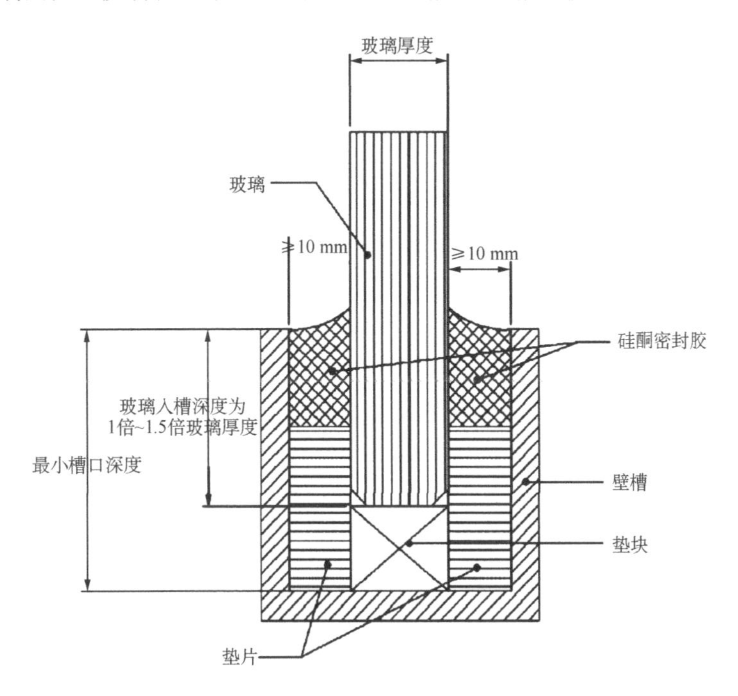

图 5.7.1-1 座地式玻璃底部典型组件图

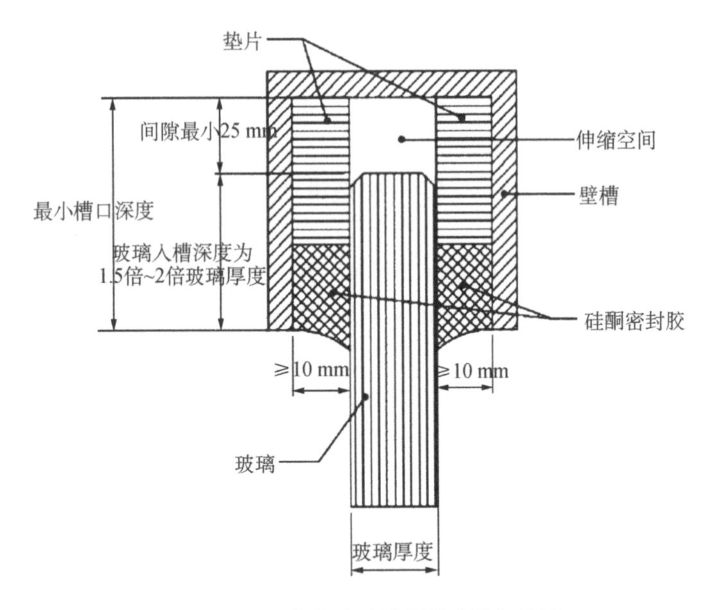

图 5.7.1-2　座地式玻璃顶部典型组件图

5.7.3　玻璃面板和玻璃肋顶部应预留足够的间隙，具体间隙大小需根据顶部主体结构活荷载下的位移量、温度作用影响以及加工/施工误差等因素由计算确定，最小间隙不应小于 25 mm，玻璃顶部入槽深度不小于 1.5 倍～2 倍的玻璃厚度，同时不小于玻璃安装后下层主体结构下沉量。

5.7.4　玻璃面板和玻璃肋的顶部及底部槽壁，应有足够刚度和强度以安全承受外立面风压导致的外力，且应可靠连接于主体结构或支承结构构件。

5.7.5　玻璃肋基座必须安全地固定在主体结构或结构构件上，玻璃肋顶部和底部的前后两端必须设置独立承受正负风荷载的支承件。同时，玻璃面板上下端，必须承受玻璃面板平面内地震力，面板下端宜在面板中间设置可转动底座，使玻璃面板可以更好地适应主体结构层间位移变形，同时避免主体结构沉降不均匀导致玻璃面板平面内倾斜(图 5.7.5-1 和图 5.7.5-2)。

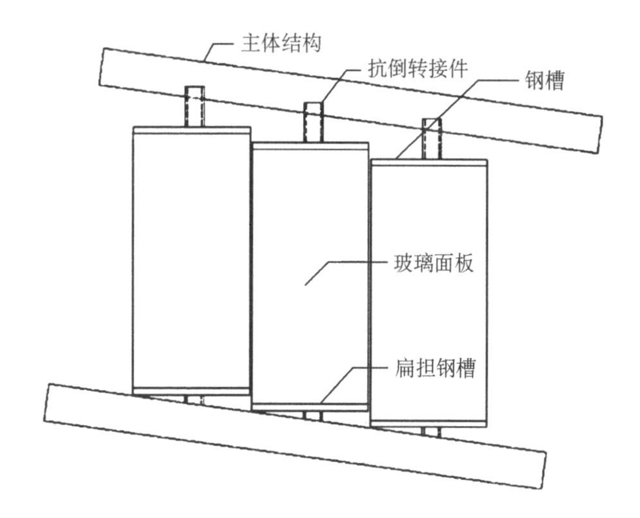

图 5.7.5-1　不均匀沉降状态

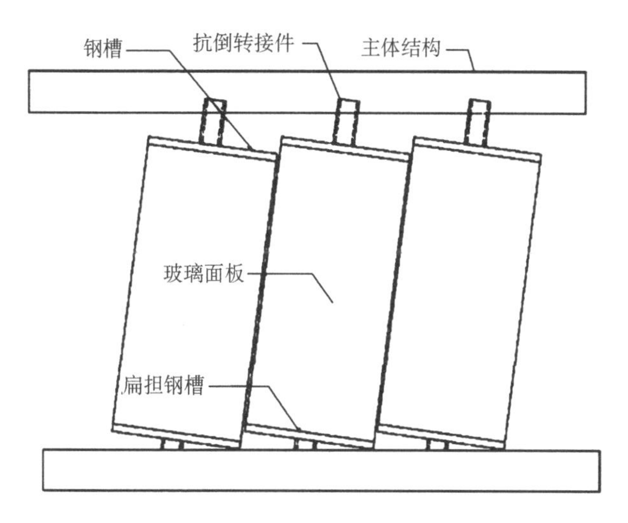

图 5.7.5-2　发生层间位移时左右摇摆状态

5.7.6 应使用由氯丁橡胶或合适的材料制成的垫块，并应使用相容密封胶、限位组件或其他方式来防止垫块移动。垫块支撑玻璃至少 80% 的玻璃厚度，最低肖尔硬度 80 度，垫块长度不小于 100 mm，垫块厚度应不小于 10 mm，玻璃垫块上宜填充高强度硅酮结构胶。

5.7.7 全玻璃幕墙胶缝承载力设计可参考上海市工程建设规范《建筑幕墙工程技术标准》DG/TJ 08—56—2019 中第 16.3.10 条之规定执行。

5.7.8 当面玻璃采用转动适应主体结构水平位移时(图 5.7.5-2)，面玻璃之间的接缝宽度可按下式计算：

$$c = S_s/(3\delta) \tag{5.7.8-1}$$

$$S_s = B\theta \tag{5.7.8-2}$$

式中：c——面玻璃之间胶缝宽度；

S_s——平面内变形时，接缝沿竖向的相对位移；

δ——硅酮结构密封胶拉伸粘接性能试验中拉应力为 0.14 N/mm^2 时的伸长率；

θ——风荷载或多遇烈度地震标准值作用下主体结构的楼层弹性层间位移角。

5.7.9 面玻璃和玻璃肋之间的胶缝厚度，可按下式计算：

$$t_s = \mu_s/(3\delta) \tag{5.7.9-1}$$

$$\mu_s = \zeta\Theta H \tag{5.7.9-2}$$

$$\zeta = \frac{\sqrt{[(1-\kappa)H]^2 + (\kappa B)^2}}{2H} \tag{5.7.9-3}$$

$$\kappa = \frac{\sqrt{H^2(H+3B)}}{(B+H)^2} \tag{5.7.9-4}$$

式中：μ_s——平面内变形时，结构胶相对玻璃肋相对位移；

ζ——位移折减系数；

κ——面板旋转角与楼层位移角之比；

H——面玻璃的高度；

B——面玻璃的宽度。

当玻璃和玻璃肋（框）组合体系在发生玻璃平面内位移时，玻璃面板会被框或者玻璃肋之间的结构胶带转动和平移，结构胶承受玻璃与龙骨之间的错动剪力（图 5.7.9）。

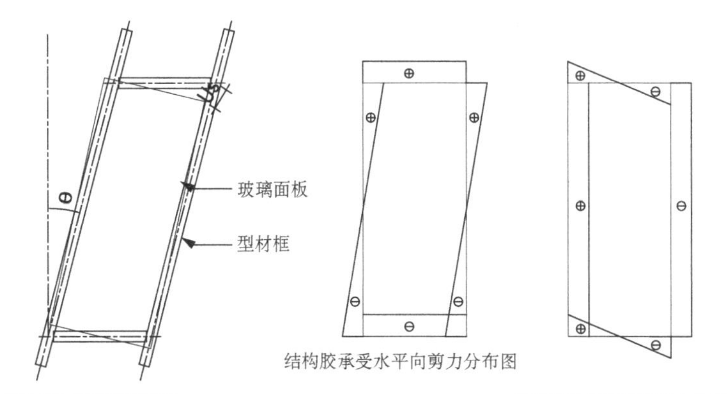

图 5.7.9　平面内变形关系示意图

5.7.10　其他构造措施可参考上海市工程建筑规范《建筑幕墙工程技术标准》DG/TJ 08—56—2019 第 16 章的相关规定。

6 施工安装

6.1 一般规定

6.1.1 幕墙安装前,主体结构应通过验收。

6.1.2 施工安装前,应查验核实板块运输路线设计及路况、现场存放地点、吊运安装设备等,确认具备送货及安装条件。

6.1.3 板块构件储存时,应依照安装取用顺序排列,存储架应具备足够的承载能力和刚度。在室外储存时,应采取保护措施。

6.1.4 玻璃板块安装前应完成现场实况检查,编制施工吊装专项方案。

6.1.5 现场有焊接作业时,应确保防火及保护措施安全可靠。

6.1.6 玻璃专用吸盘宜采用无线充电电源的电动机械吸盘。

6.1.7 风力达到 5 级及以上时,或在雨、雪、雾等气象状况下,不得实施吊装作业和吊篮施工。遇雷电时,应停止室外作业。

6.2 玻璃安装

6.2.1 安装前,应清洁玻璃和镶嵌槽;当暂停施工时,槽口应采取保护措施。

6.2.2 玻璃面板和玻璃肋不宜倾斜安装。搬运、吊装玻璃或其他构件时,如受力工况与安装后正常使用状态不一致,应作施工过程模拟计算。

6.2.3 座地式无肋全玻璃幕墙面板的顶部、底边宜预先安装永久性不锈钢槽。

6.2.4 玻璃板块的裸露边应施打 1.5 mm 厚结构胶。

6.2.5 玻璃从装卸、运输到安装、注胶、养护均应做好各阶段保护措施。

6.2.5 可设置永久性吊轨，便于安装、维修或更换玻璃。

6.2.6 安装过程中可采用螺钉与镀锌钢片、柔性材料将玻璃面板临时固定。

6.2.8 结构胶完全固化前应设置必要的临时辅助支撑措施。

6.2.9 玻璃安装过程中，应监测并及时调整玻璃面板、玻璃肋的水平度和垂直度。

6.2.10 玻璃板块间的注胶应采用双组分耐候硅硐结构胶。

6.2.11 结构胶应通过蝴蝶试验及胶杯试验后方可实施注胶。

6.2.12 建筑密封胶、结构胶与胶条、隔热块、支撑块、定位块、隔离垫等材料应通过相容性试验。

6.2.13 硅酮密封胶和硅酮结构密封胶施打前应确保打胶面清洁、干燥，不应在夜晚和雨天施工。

6.2.14 施工质量应满足表 6.2.14-1 及表 6.2.14-2 的要求。

表 6.2.14-1 施工质量要求

序号	项目	允许偏差	测量方法
1	幕墙平面垂直度	10 mm	激光仪或经纬仪
2	幕墙平面度	2.5 mm	2 m 靠尺、金属直尺
3	竖缝直线度	2.5 mm	2 m 靠尺、金属直尺
4	横缝直线度	2.5 mm	2 m 靠尺、金属直尺
5	线缝宽度(与设计值比较)	±2.0 mm	卡尺
6	两相邻面板之间高低差	1.0 mm	深度尺
7	玻璃面板与肋板夹角与设计值相比	≤1°	量角器

表 6.2.14-2　玻璃面板安装质量允许偏差

项　　目	允许偏差(mm)	检查方法
相邻两玻璃面接缝高低差	1.0	2.0 m 靠尺
上下两玻璃接缝垂直偏差	1.0	2.0 m 靠尺
左右两玻璃接缝水平偏差	1.0	2.0 m 靠尺
玻璃外表面垂直接缝偏差	3.0	金属直尺
玻璃外表面水平接缝偏差	3.0	金属直尺
玻璃外表面平整度	4.0	激光仪
胶缝宽度(与设计值比)	±1.5	2.0 m 靠尺

7 检验与检测

7.1 一般规定

7.1.1 安装前，应完成相关性能测试，测试样板应具有幕墙性能的代表性，并按最大板块测试。测试所用材料应与设计图纸保持一致。

7.1.2 2年内，同一企业同类幕墙的型式试验报告可替代新建幕墙物理性能检测。型式试验试件必须能代表新建幕墙，且其性能指标不得低于新建幕墙的性能指标。

7.1.3 工程竣工验收1年起，应每5年进行1次安全性能检测评估，评估结果交业主备案存档。

7.1.4 幕墙热工、隔声性能应按相关规定检测。

7.1.5 抽样检测项目的样本容量及检测结果判定，可按现行国家标准《建筑幕墙》GB/T 21086和《建筑幕墙、门窗通用技术条件》GB/T 31433执行。

7.2 材料检验

7.2.1 本标准所规定的材料进场复验项目，同一厂家生产的同一品种、同一类型的材料应至少抽取1组样品复验。如另有约定的，可按合同执行。

7.2.2 铝合金构件的检验项目应包括力学性能、壁厚、膜厚、硬度和表面质量等。

7.2.3 钢材的检验项目应包括力学性能、壁厚、表面质量和防腐蚀处理等；必要时，检测化学成分。

7.2.4 玻璃的检验项目应包括力学性能、光学性能、热工性能、外观质量、应力和边缘处理情况等。

7.2.5 本标准第 4.3.2 条所规定的硅酮结构密封胶、硅酮建筑密封胶及密封材料的检验项目。

7.3 性能检测

7.3.1 幕墙性能应按规定程序进行检测。“选做”项目应在检测方案中注明。

7.3.2 幕墙试件的技术要求应符合下列规定：

1 样品规格、型号和材料应与设计图纸一致。样品应干燥并按设计要求安装，不得加设任何附件或采取其他附加措施。

2 样品高度应为幕墙高度，样品宽度至少应包括承受设计荷载的三组竖向构件。样品组件及安装后的受力状况应与实际工况相符。

3 样品应包括玻璃面板的不同类型，并含不同玻璃面板交界部分的典型节点。

7.3.3 幕墙样品安装于测试箱体，应使样品与实际工程安装一致。样品与箱体之间应密封处理。

8 工程验收

8.1 一般规定

8.1.1 幕墙工程应分别执行材料进场验收、施工中间验收及竣工验收，并及时建立各项技术档案，予以保存。

8.1.2 工程验收前，玻璃幕墙表面应清洗干净。

8.1.3 工程验收应完成技术资料复核、现场观感检查和实物抽样检验。

8.1.4 现场检验时，应划分检验批，每幅玻璃幕墙均应列入各检验批。

8.1.5 幕墙工程验收，除应符合本标准规定外，尚应符合现行国家标准《建筑装饰装修工程质量验收规范》GB 50210 的相关规定。

8.2 进场验收

8.2.1 材料和构配件进场验收时，应检查下列文件资料：

1 幕墙工程所有材料、五金配件、构件及组件的产品合格证书、性能检测报告和复验报告等。

2 工程所用硅酮结构胶的认定证书和抽检合格证明、进口硅酮胶的商检证、国家指定检测机构出具的硅酮结构胶相容性和剥离粘结性试验报告、双组分硅酮结构胶的混匀性试验和拉断试验记录、注胶养护环境温度和湿度记录等。

8.2.2 工程所用各类材料、构件及组件进场时，应按质量要求验收，并应作验收记录，存档备查。

8.3 中间验收

8.3.1 幕墙施工过程中，应及时予以阶段性质量验收，填写阶段验收记录，签字后存档备查。

8.4 竣工验收

8.4.1 竣工验收时，除检查本标准第8.2节和第8.3节规定的技术资料外，还应检查下列技术资料：

1 通过审查的施工图、结构计算书、设计变更和建筑设计单位对幕墙工程设计的确认意见及其他相关的设计文件。

2 隐蔽工程验收记录。

3 防雷装置测试记录。

4 幕墙的抗风压性能、气密性能、水密性能、平面内变形性能检测报告及设计单位特别提出的性能检测报告。

5 幕墙构件和组件的加工制作记录、幕墙工程安装施工记录。

6 现场淋水、盛水试验记录。

7 抗爆检测试验报告(若需要)。

8 玻璃就位后的弯曲度记录。

9 有关的质量保证资料。

8.4.2 幕墙工程观感检查应满足下列要求：

1 幕墙工程的造型、规格符合设计固定，横平竖直，无毛刺、污垢和伤痕。

2 幕墙的胶缝应接缝均匀，横平竖直。密封胶灌注密实、连续，表面光滑、无污染。

3 橡胶条镶嵌密实平整。

4 幕墙构件、玻璃面板镀膜均无脱落现象，颜色均匀。

5 幕墙无渗漏。

6 面板表面无凹坑、缺角、裂痕、斑点、损伤和污迹。

8.4.3 抽样检验应满足本标准表 6.2.14-1 和表 6.2.14-2 的要求。

9 维护与保养

9.1 一般规定

9.1.1 幕墙工程竣工验收应提供《幕墙使用维护说明书》，包含下列内容：

1 幕墙的设计依据、主要性能参数及设计使用年限。

2 日常使用注意事项。

3 环境条件变化对幕墙工程的影响。

4 日常与定期的维护、保养要求。

5 幕墙的主要结构特点及易损零部件更换方法。

6 备品、备件清单及主要易损件的名称、规格。

7 承包商的保修责任。

9.1.2 幕墙交付使用前，应对维护人员等作日常使用维护培训。

9.1.3 幕墙保修期应不小于2年。防渗漏保修期按合同约定不小于5年。

9.1.4 幕墙交付使用后，应根据《幕墙使用维护说明书》的相关要求制订幕墙的维护与保养计划。

9.1.5 幕墙外表面的检查、清洗、保养与维护工作不应在4级以上风力和雨雪雾霾天进行。

9.1.6 幕墙外表面的检查、清洗、保养与维护使用的作业机具设备应安全可靠、保养良好、功能正常、操作方便。每次使用前必须先检查安全装置，确保安全。

9.1.7 幕墙外表面检查、清洗、保养与维护的高空作业应符合现行行业标准《建筑施工高处作业安全技术规范》JGJ 80的相关规定。

9.2 检查与维护

9.2.1 幕墙工程竣工验收1年后，应对幕墙进行一次全面检查，此后每5年检查1次。幕墙使用10年后应进行检查和维护，以后宜每3年检查1次。检查项目包含：

1 幕墙有无变形、错位、松动。如发现上述情况，应进一步检查该部位对应的隐蔽构造，并及时维修或更换。

2 幕墙的主要承力构件、连接件和连接螺栓等有无损坏、连接是否可靠、有无锈蚀等。

3 面板、外露构件有无松动和损坏。

4 硅酮胶有无脱胶、开裂、起泡，胶条有无脱落、老化等损坏现象。

5 幕墙有无渗漏，排水系统是否通畅。

6 维修与更换应符合原设计和本标准，并按规定项目检测验收。

7 玻璃弯曲度检测。

8 幕墙工程使用10年后应对该工程不同部位的结构硅酮密封胶进行粘接性能的抽样检查；此后宜每3年检查1次。

9.2.2 发布台风预警后应对幕墙进行防台检查。连续高温或连续低温天气情况下应加强巡查，并采取防护措施。

9.2.3 灾后检查和修复应符合下列规定：

1 遭遇强风袭击或遭遇地震、火灾等灾害后，应及时全面检查。

2 应根据受损程度制定修复方案，及时处置。

9.3 保养和清洗

9.3.1 幕墙外表面检查、清洗、保养与维护的高空作业应符合现行行业标准《建筑施工高处作业安全技术规范》JGJ 80 的相关规定。

9.3.2 根据幕墙表面保洁需要，确定清洗次数，每年应不少于1次。

9.3.3 幕墙清洗应按《幕墙使用维护说明书》的规定实施，严禁使用强腐蚀性清洗液。

9.3.4 清洗过程中不得撞击和损伤幕墙。人工挂绳清洗时，应在幕墙顶部采取保护措施。

附录A　计算案例

A.1　座地式全玻璃无肋幕墙计算

A.1.1　幕墙系统计算条件

幕墙结构:玻璃幕墙

风荷载标准值:0.55 kPa(50年一遇)

地面粗糙度:B类

抗震设防烈度:7度

玻璃面板:采用15+1.52SGP+15+12A+15+1.52SGP+15双夹胶半钢化玻璃

固定方式:对边固定,最大分格1 650 mm×5 100 mm

幕墙计算标高:10 m

A.1.2　双夹胶玻璃中空 G_1 及相关计算

1　基本参数

基本风压: $w_0=0.55$ kPa

计算点高度: $z=10$ m

地面粗糙度:B类

地震设防烈度:7度(0.10g)

外表面负压区:墙角边

主体结构高度: $H=5$ m

主体结构:钢筋混凝土框架

玻璃宽度: $B_1=1\ 650$ mm

玻璃高度: $L_1=5\ 100$ mm

外片玻璃厚度: $t_1=15$ mm

中片玻璃厚度: $t_2=15$ mm

中片玻璃厚度：$t_3 = 15$ mm

内片玻璃厚度：$t_4 = 15$ mm

外片玻璃类型:半钢化玻璃

中片玻璃类型:半钢化玻璃

中片玻璃类型:半钢化玻璃

内片玻璃类型:半钢化玻璃

玻璃弹性模量：$E = 0.72 \times 10^5$ MPa

玻璃泊松比：$\nu = 0.2$

支撑方式:对边简支

玻璃密度：$\rho_g = 25.6$ kN/m^3

玻璃短边：$a = \min(L_1, B_1) = 1.65$ m

玻璃长边：$b = \max(L_1, B_1) = 5.1$ m

外片强度设计值(中部)：$f_{g,\ out} = 48$ MPa

中片强度设计值(中部)：$f_{g,\ mid1} = 48$ MPa

中片强度设计值(中部)：$f_{g,\ mid2} = 48$ MPa

内片强度设计值(中部)：$f_{g,\ in} = 48$ MPa

层间位移角：$\theta = 1/550$

SGP 的剪切模量：$G_p = 0.97$ MPa

胶片厚度：$t_p = 1.52$ mm

2 等效厚度计算

1）外侧玻璃

对于外侧玻璃,其玻璃层数 $n = 2$，其单片玻璃的截面面积为

$$A = A_1 = A_2 = ta_1 = 15 \times 1\ 650 = 24\ 750\ \text{mm}^2$$

单片玻璃绕弱轴的截面惯性矩为

$$I = \frac{a_1 t^3}{12} = \frac{1\ 650 \times 15^3}{12} = 464\ 062.5\ \text{mm}^4$$

由于外侧玻璃面板内受均布荷载作用,故荷载及边界条件相关系数 $\Psi = 9.88$。

此外，外侧夹层玻璃截面完全组合对应的绕弱轴截面的惯性矩为

$$I_{\mathrm{tot}}=\frac{a_1(nt)^3}{12}=\frac{1\,650\times(2\times15)^3}{12}=3\,712\,500\ \mathrm{mm}^4$$

由此，可以算出代表截面组合程度的折减系数：

$$\begin{aligned}\eta&=\frac{1}{1+\dfrac{EIt_{\mathrm{p}}}{12G_{\mathrm{p}}a_1b_1^2}\dfrac{n^2A(n+1)}{I_{\mathrm{tot}}}\Psi}\\&=1\Big/\Big[1+\frac{0.72\times10^5\times10^6\times464\,062.5\times1.52}{12\times0.97\times10^6\times1\,650\times5\,100^2}\times\\&\quad\frac{2^2\times24\,750\times(2+1)}{3\,712\,500}\times9.88\Big]\\&=0.926\end{aligned}$$

则外侧玻璃的挠度等效厚度为

$$\begin{aligned}t_{\mathrm{eff,\,out}}&=\frac{1}{\sqrt[3]{\dfrac{\eta}{(nt)^3}+\dfrac{1-\eta}{nt^3}}}=\frac{1}{\sqrt[3]{\dfrac{0.926}{(2\times15)^3}+\dfrac{1-0.926}{2\times15^3}}}\\&=28.061\ \mathrm{mm}\end{aligned}$$

夹层玻璃最外侧玻璃层中心轴距离外层玻璃中性轴的距离为

$$d_{\mathrm{i}}=\frac{t+t_{\mathrm{p}}}{2}=\frac{15+1.52}{2}=8.26\ \mathrm{mm}$$

外侧玻璃的应力等效厚度为

$$\begin{aligned}t_{\mathrm{eff,\,\sigma,\,out}}&=\frac{1}{\sqrt{\dfrac{2\eta d_{\mathrm{i}}}{n^3t^3}+\dfrac{t}{t_{\mathrm{eff,v,out}}^3}}}=\frac{1}{\sqrt{\dfrac{2\times0.926\times8.26}{2^3\times15^3}+\dfrac{15}{28.061^3}}}\\&=28.336\ \mathrm{mm}\end{aligned}$$

2）内侧玻璃

对于内侧玻璃，其玻璃层数 $n=2$，其单片玻璃的截面面积为

$$A=A_3=A_4=ta_1=15\times 1\,650=24\,750\ \text{mm}^2$$

单片玻璃绕弱轴的截面惯性矩为

$$I=\frac{a_1 t^3}{12}=\frac{1\,650\times 15^3}{12}=464\,062.5\ \text{mm}^4$$

由于内侧玻璃面板内受均布荷载作用，故荷载及边界条件相关系数 $\Psi=9.88$。

此外，内侧夹层玻璃截面完全组合对应的绕弱轴截面的惯性矩为

$$I_{\text{tot}}=\frac{a_1(nt)^3}{12}=\frac{1\,650\times(2\times 15)^3}{12}=3\,712\,500\ \text{mm}^4$$

由此，可以算出代表截面组合程度的无量纲参数：

$$\begin{aligned}\eta&=\frac{1}{1+\dfrac{EIt_{\text{p}}}{12G_{\text{p}}a_1b_1^2}\dfrac{n^2A(n+1)}{I_{\text{tot}}}\Psi}\\&=1\Big/\left[1+\frac{0.72\times 10^5\times 10^6\times 464\,062.5\times 1.52}{12\times 0.97\times 10^6\times 1\,650\times 5\,100^2}\times\right.\\&\left.\frac{2^2\times 24\,750\times(2+1)}{3\,712\,500}\times 9.88\right]\\&=0.926\end{aligned}$$

则内侧玻璃的挠度等效厚度为

$$\begin{aligned}t_{\text{eff, in}}&=\frac{1}{\sqrt[3]{\dfrac{\eta}{(nt)^3}+\dfrac{1-\eta}{nt^3}}}=\frac{1}{\sqrt[3]{\dfrac{0.926}{(2\times 15)^3}+\dfrac{1-0.926}{2\times 15^3}}}\\&=28.061\ \text{mm}\end{aligned}$$

夹层玻璃最外侧玻璃层中心轴距离外层玻璃中性轴的距离为

$$d_{\mathrm{i}}=\frac{t+t_{\mathrm{p}}}{2}=\frac{15+1.52}{2}=8.26\ \mathrm{mm}$$

内侧玻璃的应力等效厚度为

$$t_{\mathrm{eff},\sigma,\mathrm{in}}=\frac{1}{\sqrt{\frac{2\eta d_{\mathrm{i}}}{n^3t^3}+\frac{t}{t_{\mathrm{eff,in}}^3}}}=\frac{1}{\sqrt{\frac{2\times0.926\times8.26}{2^3\times15^3}+\frac{15}{28.061^3}}}$$
$$=28.336\ \mathrm{mm}$$

3 荷载计算

1) 风荷载计算

根据国家标准《建筑结构荷载规范》GB 50009—2012，玻璃幕墙属于围护结构，且地面粗糙度为 B 类，其阵风系数可根据该标准表 8.6.1 确定，即 $\beta_{\mathrm{gz}}=1.70$。其风压高度变化系数可根据该标准表 8.2.1 确定，即 $\mu_{\mathrm{z}}=1.00$。按照建筑要求，其体形系数为 $\mu_{\mathrm{s}}=-1.6$。

该地区基本风压 $w_0=0.55$ kPa，可得幕墙的风压标准值为

$$\begin{aligned}w_{\mathrm{k}}&=\max(|w_{\mathrm{k0}}|,1.0\ \mathrm{kN/m^2})\\&=\max(|\beta_{\mathrm{gz}}\mu_{\mathrm{s}}\mu_{\mathrm{z}}w_0|,1.0\ \mathrm{kN/m^2})\\&=1.496\ \mathrm{kN/m^2}\end{aligned}$$

根据国家标准《玻璃幕墙工程技术规范》JGJ 102—2003 中第 6.1.5 条的规定，作用在中空玻璃上的风荷载需按照荷载分配系数分配到每一片玻璃上。

对于直接承受风荷载的作用的外侧玻璃，当用于强度和挠度计算时，其承受风荷载的标准值为

$$w_{\mathrm{k,out}}=1.1w_{\mathrm{k}}\frac{t_{\mathrm{eff,out}}^3}{t_{\mathrm{eff,out}}^3+t_{\mathrm{eff,in}}^3}$$

$$=1.1\times1.496\times\frac{28.061^3}{28.061^3+28.061^3}$$
$$=0.823\ \text{kN/m}^2$$

对于不直接承受风荷载作用的内侧玻璃，当用于挠度计算时，其承受的风荷载标准值为

$$w_{\text{k, in}}=w_{\text{k}}\frac{t_{\text{eff, in}}^3}{t_{\text{eff, out}}^3+t_{\text{eff, in}}^3}=1.496\times\frac{28.061^3}{28.061^3+28.061^3}$$
$$=0.748\ \text{kN/m}^2$$

2）地震荷载计算

根据行业标准《玻璃幕墙工程技术规范》JGJ 102—2003 中第 6.1.5条的规定，作用于中空玻璃上的地震作用标准值应根据各单片玻璃的自重分别计算。

外侧玻璃的重力荷载标准值为

$$G_{\text{k, out}}=\rho_g(t_1+t_2)a_1b_1=25.6\times(15+15)\times10^{-3}\times1.65\times5.1$$
$$=6.463\ \text{kN}$$

已知建筑按 7 度抗震设防烈度考虑，根据国家标准《建筑结构荷载规范》GB 50009—2012，水平地震影响系数最大值 $\alpha_{\max}=0.08$，动力放大系数 $\beta_E=5.0$，则垂直于玻璃幕墙平面的外侧玻璃分布水平地震作用标准值为

$$q_{\text{Ek, out}}=\beta_E\alpha_{\max}G_{\text{k, out}}/A=5\times0.08\times6.463\div(1.65\times5.1)$$
$$=0.307\ \text{kN/m}^2$$

内侧玻璃的重力荷载标准值为

$$G_{\text{k, in}}=\rho_g(t_3+t_4)a_1b_1=25.6\times(15+15)\times10^{-3}\times1.65\times5.1$$
$$=6.463\ \text{kN}$$

则垂直于玻璃幕墙平面的内侧玻璃分布水平地震作用标准值为

$$q_{Ek,in} = \beta_E \alpha_{max} G_{k,in}/A = 5 \times 0.08 \times 6.463 \div (1.65 \times 5.1)$$
$$= 0.307\ \text{kN/m}^2$$

3）荷载组合

（1）承载力极限设计

在玻璃幕墙承载力设计时，需要考虑其荷载的组合效应。

当不考虑地震作用时，应使用 $S = \psi_w \gamma_w w_k$ 进行荷载组合。根据本标准第 5.2.4 及 5.2.5 条的规定，此时风荷载分项系数 $\gamma_w = 1.5$，风荷载组合系数 $\psi_w = 1.0$。

对于外侧玻璃，无地震作用效应组合时的荷载组合设计值为

$$S_{out} = \psi_w \gamma_w w_{k,out} = 1.0 \times 1.5 \times 0.823 = 1.235\ \text{kN/m}^2$$

对于内侧玻璃，无地震作用效应组合时的荷载组合设计值为

$$S_{in} = \psi_w \gamma_w w_{k,in} = 1.0 \times 1.5 \times 0.748 = 1.122\ \text{kN/m}^2$$

当考虑地震作用时，应使用 $S = \psi_w \gamma_w w_k + \psi_E \gamma_E q_{Ek}$ 进行荷载组合。根据本标准第 5.2.4 及 5.2.5 条的规定，此时地震荷载分项系数 $\gamma_E = 1.3$，地震荷载组合系数 $\psi_E = 1.0$，风荷载分项系数 $\gamma_w = 1.4$，风荷载组合系数 $\psi_w = 0.2$。

对于外侧玻璃，有地震作用效应组合时的荷载组合设计值为

$$S_{out} = \psi_w \gamma_w w_{k,out} + \psi_E \gamma_E q_{Ek,out}$$
$$= 0.2 \times 1.4 \times 0.823 + 1.0 \times 1.3 \times 0.307$$
$$= 0.630\ \text{kN/m}^2$$

对于内侧玻璃，有地震作用效应组合时的荷载组合设计值为

$$S_{in} = \psi_w \gamma_w w_{wk,in} + \psi_E \gamma_E q_{Ek,in}$$
$$= 0.2 \times 1.4 \times 0.748 + 1.0 \times 1.3 \times 0.307$$
$$= 0.609\ \text{kN/m}^2$$

综上所述，用于承载力极限设计时的外侧玻璃的荷载设计值为 $S_{out} = 1.235\ \text{kN/m}^2$，内侧玻璃的荷载设计值为 $S_{in} = 1.122\ \text{kN/m}^2$。

（2）正常使用极限设计

根据行业标准《玻璃幕墙工程技术规范》JGJ 102—2003 第 5.4.4 条的规定，幕墙构件的挠度验算时，风荷载分项系数取 1.0，且可不考虑作用效应的组合。因此，用于正常使用极限状态设计时的外侧荷载的荷载标准值为 $S_{k,out} = 0.823\ kN/m^2$，内侧玻璃的荷载设计值为 $S_{k,in} = 0.748\ kN/m^2$。

4 强度校核

该部分校核按照本标准第 5.4.10 条的规定进行。

1）外侧玻璃

外侧玻璃最大弯矩为

$$M_{out} = \frac{S_{out} a_1 b_1^2}{8} = \frac{1.235 \times 1.65 \times 5.1^2}{8} = 6.625\ kN \cdot m$$

外侧玻璃绕弱轴等效弯曲截面模量为

$$\begin{aligned} W_{eff,out} &= \frac{a_1}{6\left(\dfrac{n-1}{n^3 t^2}\eta + \dfrac{t}{t_{eff,out}^3}\right)} \\ &= \frac{1\ 650}{6 \times \left(\dfrac{2-1}{2^3 \times 15^2} \times 0.926 + \dfrac{15}{28.061^3}\right)} \times 10^{-9} \\ &= 2.305 \times 10^{-4}\ m^3 \end{aligned}$$

由此，外侧玻璃的截面强度可按下式计算：

$$\sigma_{max,out} = \frac{M_{out}}{W_{eff}} = \frac{6.625 \times 10^6}{2.305 \times 10^{-4} \times 10^9} = 28.742\ MPa$$

外侧玻璃为半钢化玻璃，厚度为 15 mm，其端面强度 $f_g = 34\ MPa$。

由于 $\sigma_{max,out} < f_g$，故外侧玻璃强度符合要求。

2）内侧玻璃

内侧玻璃最大弯矩为

$$M_{in}=\frac{S_{in}a_1b_1^2}{8}=\frac{1.122\times1.65\times5.1^2}{8}=6.019\ \mathrm{kN\cdot m}$$

内侧玻璃绕弱轴等效弯曲截面模量为

$$\begin{aligned}W_{eff,\ in}&=\frac{a_1}{6\left(\frac{n-1}{n^3t^2}\eta+\frac{t}{t_{eff,\ in}^3}\right)}\\&=\frac{1\ 650}{6\times\left(\frac{2-1}{2^3\times15^2}\times0.926+\frac{15}{28.061^3}\right)}\times10^{-9}\\&=2.305\times10^{-4}\ \mathrm{m}^3\end{aligned}$$

由此，内侧玻璃的截面强度可按下式计算：

$$\sigma_{max,in}=\frac{M_{in}}{W_{eff,\ in}}=\frac{6.019\times10^6}{2.305\times10^{-4}\times10^9}=26.113\ \mathrm{MPa}$$

内侧玻璃为半钢化玻璃，厚度为 15 mm，其端面强度 $f_g=$ 34 MPa。

由于 $\sigma_{max,in}<f_g$，故内侧玻璃强度符合要求。

综上所述，玻璃强度符合规范要求。

5　挠度校核

1）外侧玻璃

外侧玻璃截面绕弱轴的等效惯性矩为

$$I_{eff,\ out}=\frac{a_1t_{eff,\ out}^3}{12}=\frac{1\ 650\times28.061^3}{12}=3\ 038\ 170.409\ \mathrm{mm}^4$$

由于外侧玻璃为对边支承，故其跨中最大挠度为

$$d_{f,out}=\frac{5S_{k,out}b_1^4}{384EI_{eff,out}}=\frac{5\times 0.823\times 10^{-3}\times 1\,650\times 5\,100^4}{384\times 0.72\times 10^5\times 3\,038\,170.409}$$
$$=54.450\ \text{mm}$$

按照本标准第5.4.3条的规定，两对边支承时挠度的限制为自由边跨度的1/100，即

$$[d]=b_1/100=51\ \text{mm}$$

由于$d_{f,out}>[d]$，且$d_{f,out}$与$[d]$的相对误差超出5%，故外侧玻璃刚度不符合规范要求。

2）内侧玻璃

内侧玻璃截面绕弱轴的等效惯性矩为

$$I_{eff,in}=\frac{a_1t_{eff,in}^3}{12}=\frac{1\,650\times 28.061^3}{12}=3\,038\,170.409\ \text{mm}^4$$

由于内侧玻璃为对边支承，故其跨中最大挠度为

$$d_{f,in}=\frac{5S_{k,in}b_1^4}{384EI_{eff,in}}=\frac{5\times 0.748\times 10^{-3}\times 1\,650\times 5\,100^4}{384\times 0.72\times 10^5\times 3\,038\,170.409}$$
$$=49.500\ \text{mm}$$

按照本标准第5.4.3条的规定，两对边支承时挠度的限制为自由边跨度的1/100，即

$$[d]=b_1/100=51\ \text{mm}$$

由于$d_{f,in}<[d]$，故内侧玻璃刚度符合规范要求。

综上所述，玻璃刚度不符合规范要求。

6　整体稳定性校核

按照本标准要求，整体稳定性校核部分按照轴心受压-面外受弯构件进行。

1）外侧玻璃

对于外侧玻璃，其受到的最大弯矩为

$$M_{out}=\frac{S_{out}a_1b_1^2}{8}=\frac{1.235\times1.65\times5.1^2}{8}=6.625\ \text{kN}\cdot\text{m}$$

其受到的最大轴力为自重荷载设计值，根据行业标准《玻璃幕墙工程技术规范》JGJ 102—2003 第 5.4.2 条的规定，永久荷载的分项系数 $\gamma_G=1.2$，因此，外侧玻璃的最大轴力为

$$N_{out}=\gamma_G G_{k,\ out}=1.2\times6.463=7.756\ \text{kN}$$

由上可知，外侧玻璃的挠度等效厚度为

$$t_{eff,\ out}=\frac{1}{\sqrt[3]{\frac{\eta}{(nt)^3}+\frac{1-\eta}{nt^3}}}=\frac{1}{\sqrt[3]{\frac{0.926}{(2\times15)^3}+\frac{1-0.926}{2\times15^3}}}$$
$$=28.061\ \text{mm}$$

面外有效弯曲截面模量为

$$W'_{x,\ out}=\frac{a_1}{6\left(\frac{n-1}{n^3t^2}\eta+\frac{t}{t_{eff,\ out}^3}\right)}$$
$$=\frac{1\ 650}{6\times\left(\frac{2-1}{2^3\times15^2}\times0.926+\frac{15}{28.061^3}\right)}\times10^{-9}$$
$$=2.305\times10^{-4}\ \text{m}^3$$

因此，外侧玻璃截面绕弱轴的等效惯性矩为

$$I_{eff,\ out}=\frac{a_1t_{eff,\ out}^3}{12}=\frac{1\ 650\times28.061^3}{12}=3\ 038\ 170.409\ \text{mm}^4$$

由于玻璃面板的固定方式为对边固定，高宽比 $a/b=3.091$，故玻璃面板受压时的稳定性系数为

$$k_1=3.252+\frac{3.092-3.252}{3.5-3.0}\times(3.091-3.0)=3.223$$

其受压时的弹性屈服临界荷载为

$$N'_{lcr}=k_1\frac{E\pi^2t^3_{eff,\ out}}{12a_1^2(1-\nu^2)}$$

$$=3.223\times\frac{0.72\times10^5\times10^6\times3.14^2\times(28.061\times10^{-3})^3}{12\times1.65^2\times(1-0.2^2)}$$

$$=1\ 611\ 911.382\ \text{N/m}$$

$$N'_{cr}=N'_{lcr}a_1=1\ 611\ 911.382\times1.65=2\ 659\ 653.78\ \text{N}$$

外侧玻璃为半钢化玻璃,厚度为 15 mm,其边缘强度 $f_g=38$ MPa。

玻璃面板受压时的正则化长细比为

$$\lambda'_c=\sqrt{\frac{A_{tot}f_g}{N'_{cr}}}=\sqrt{\frac{0.049\ 5\times38\times10^6}{2\ 659\ 653.78}}=0.841$$

由于玻璃面板受压时的初始缺陷系数 $\alpha'_c=0.49$,故用于计算受压玻璃面板整体稳定系数的中间系数为

$$\phi'_c=0.5[1+\alpha'_c(\lambda'_c-0.8)+\lambda'^2_c]$$

$$=0.5\times[1+0.49\times(0.841-0.8)+0.841^2]$$

$$=0.864$$

玻璃面板受压时的整体稳定系数为

$$\varphi'_c=\frac{1}{\phi'_c+\sqrt{\phi'^2_c-\lambda'^2_c}}=\frac{1}{0.864+\sqrt{0.864^2-0.841^2}}=0.942$$

外侧玻璃面板整体稳定性按下式进行计算:

$$\frac{N_{out}}{\varphi'_cA_{tot}f_g}+\frac{M_{out}}{W'_xf_g(1-0.8N_{out}/N'_{cr})}$$

$$=\frac{7.756\times10^3}{0.942\times0.049\ 5\times10^6\times38}+$$

$$\frac{6.625\times10^{6}}{2.305\times10^{-4}\times10^{9}\times38\times(1-0.8\times7.756\times10^{3}\div2\ 659\ 653.78)}$$

$$=0.763<1$$

可以看出，外侧玻璃面板整体稳定性符合要求。

2）内侧玻璃

对于内侧玻璃，其受到的最大弯矩为

$$M_{\text{in}}=\frac{S_{\text{in}}a_1b_1^2}{8}=\frac{1.122\times1.65\times5.1^2}{8}=6.019\ \text{kN}\cdot\text{m}$$

其受到的轴力为自重荷载设计值，故内侧玻璃的最大轴力为

$$N_{\text{in}}=\gamma_G G_{\text{k, in}}=1.2\times6.463=7.756\ \text{kN}$$

由上可知，内侧玻璃的挠度等效厚度为

$$t_{\text{eff, in}}=\frac{1}{\sqrt[3]{\dfrac{\eta}{(nt)^3}+\dfrac{1-\eta}{nt^3}}}=\frac{1}{\sqrt[3]{\dfrac{0.926}{(2\times15)^3}+\dfrac{1-0.926}{2\times15^3}}}$$

$$=28.061\ \text{mm}$$

面外有效弯曲截面模量为

$$W'_{\text{x}}=\frac{a_1}{6\left(\dfrac{n-1}{n^3t^2}\eta+\dfrac{t}{t_{\text{eff, in}}^3}\right)}$$

$$=\frac{1\ 650}{6\times\left(\dfrac{2-1}{2^3\times15^2}\times0.926+\dfrac{15}{28.061^3}\right)}\times10^{-9}$$

$$=2.305\times10^{-4}\ \text{m}^3$$

则内侧玻璃截面绕弱轴的等效惯性矩为

$$I_{\text{eff, in}}=\frac{a_1t_{\text{eff, in}}^3}{12}=\frac{1\ 650\times28.061^3}{12}=3\ 038\ 170.409\ \text{mm}^4$$

由于玻璃面板的固定方式为对边固定，高宽比 $a/b=3.091$，故玻璃面板受压时的稳定性系数为

$$k_1=3.252+\frac{3.092-3.252}{3.5-3.0}\times(3.091-3.0)=3.223$$

其受压时的弹性屈服临界荷载为

$$\begin{aligned}N'_{\mathrm{lcr}}&=k_1\frac{E\pi^2t_{\mathrm{eff,\ in}}^3}{12a_1^2(1-\nu^2)}\\&=3.223\times\frac{0.72\times10^5\times10^6\times3.14^2\times(28.061\times10^{-3})^3}{12\times1.65^2\times(1-0.2^2)}\\&=1\ 611\ 911.382\ \mathrm{N/m}\end{aligned}$$

$$N'_{\mathrm{cr}}=N'_{\mathrm{lcr}}a_1=1\ 611\ 911.382\times1.65=2\ 659\ 653.78\ \mathrm{N}$$

内侧玻璃为半钢化玻璃，厚度为 15 mm，其边缘强度 $f_g=38\ \mathrm{MPa}$。

玻璃面板受压时的正则化长细比为

$$\lambda'_c=\sqrt{\frac{A_{\mathrm{tot}}f_g}{N'_{\mathrm{cr}}}}=\sqrt{\frac{0.049\ 5\times38\times10^6}{2\ 659\ 653.78}}=0.841$$

由于玻璃面板受压时的初始缺陷系数 $\alpha'_c=0.49$，故用于计算受压玻璃面板整体稳定系数的中间系数为

$$\begin{aligned}\phi'_c&=0.5[1+\alpha'_c(\lambda'_c-0.8)+\lambda'^2_c]\\&=0.5\times[1+0.49\times(0.841-0.8)+0.841^2]\\&=0.864\end{aligned}$$

玻璃面板受压时的整体稳定系数为

$$\varphi'_c=\frac{1}{\phi'_c+\sqrt{\phi'^2_c-\lambda'^2_c}}=\frac{1}{0.864+\sqrt{0.864^2-0.841^2}}=0.942$$

内侧玻璃面板整体稳定性按下式进行计算：

$$\frac{N_{in}}{\varphi'_c A_{tot} f_g}+\frac{M_{in}}{W'_x f_g(1-0.8N_{in}/N'_{cr})}$$

$$=\frac{7.756\times 10^3}{0.942\times 0.049\ 5\times 10^6\times 38}+$$

$$\frac{6.019\times 10^6}{2.305\times 10^{-4}\times 10^9\times 38\times(1-0.8\times 7.756\times 10^3\div 2\ 659\ 653.78)}$$

$$=0.693<1$$

可以看出，内侧玻璃面板整体稳定性符合要求。

综上所述，玻璃整体稳定性符合规范要求。

A.2 座地式全玻璃有肋幕墙结构计算

A.2.1 概述

1 主入口全玻璃幕墙基本概况

1) 主入口处中间采用旋转门，旋转门两侧设置地弹簧门，门的高度约 3 m。

2) 入口上方有 3 块玻璃，高度约 6.6 m，单块玻璃宽度 2.5 m，总宽度 7.5 m。

3) 入口上方的面玻璃和玻璃肋均为吊挂，自重传至顶部主体钢结构。

4) 吊挂肋下端设置水平玻璃梁来抵抗水平风荷载，并最终将水平风荷载传递至入口两侧的主体钢柱上，部分自重传至钢柱，部分自重传递至中间的吊挂玻璃肋。

2 风荷载计算

基本风压(50 年一遇)

$$w_0=0.55\ \text{kPa}$$

地面粗糙度

$$\text{type}=\text{C}$$

计算高度

$$z = 10\ \text{m}$$

风压高度变化系数

$$\mu_z = 0.65$$

阵风系数

$$\beta_{gz} = 2.05$$

体型系数

$$\mu_s = 1.2$$

各部位的详细取值以及风荷载标准值见表 A.2.1。

表 A.2.1 各墙面的局部体型系数及风荷载标准值

	墙面正压区	墙面负压区	墙角负压区
局部体型系数	1.0+0.2	−(1.0+0.2)	−(1.4+0.2)
风荷载标准值(kPa)	0.88	−0.88	−1.17

3 幕墙自重计算

面玻璃厚度

$$t_1 = 4 \times 12 = 48\ \text{mm}$$

肋玻璃厚度

$$t_2 = 5 \times 12 = 60\ \text{mm}$$

面玻璃标准宽度

$$a_1 = 2\,500\ \text{mm}$$

肋玻璃标准宽度

$$a_2 = 450\ \text{mm}$$

玻璃重力密度(行业标准《玻璃幕墙工程技术规范》JGJ 102—2003 中表 5.3.1)

$$\gamma_g = 25.6\ \text{kN/m}^3$$

单位面积自重

$$G_k = \frac{1.05 \times \gamma_g \times (t_1 a_1 + t_2 a_2)}{a_1}$$

$$= \frac{1.05 \times 25.6 \times (0.048 \times 2\,500 + 0.06 \times 450)}{2\,500}$$

$$= 1.58\ \text{kN/m}^2$$

自重假定(加上结构胶等材料的重量)

$$G_k = 1.60\ \text{kN/m}^2$$

A.2.2 标准全玻璃幕墙计算

1 玻璃肋稳定性验算

根据上海市工程建设规范《建筑幕墙工程技术标准》DG/TJ 08—56—2019 第 16.3.8 条,玻璃肋高度大于 10 m 时应验算平面外稳定性,必要时应采取防止侧向失稳的构造措施。

2 座地玻璃垫块处集中应力

垫块宽度与玻璃厚度相同,支撑点局部压应力和玻璃厚度无关,与玻璃的面积成正比,与垫块长度成反比。玻璃高度一定时,仅与宽度成正比,与垫块长度成反比。

玻璃宽度 $a = 2\,500$ mm

玻璃高度 $b = 9\,550$ mm

单个垫块长度 $L_s = 250$ mm

玻璃侧面承压强度(集中应力由于玻璃自重产生,考虑使用长期荷载作用下的强度,根据上海市工程建设规范《建筑幕墙工程技术标准》DG/TJ 08—56—2019 中表 3.2.1 选取)

$$f_g = 30\ \text{MPa}$$

永久荷载分项系数

$$\gamma_G = 1.3$$

垫块处压应力

$$\sigma_{br}=\frac{\gamma_G \times a \times b \times G_k}{L_s \times t_1}=\frac{1.3 \times 2.5 \times 9.55 \times 1.60}{0.25 \times 0.048}=4.14\ \text{MPa}$$

校核

$$\frac{\sigma_{br}}{f_g}=\frac{4.14}{30}=0.14<1$$

故座地玻璃垫块处集中应力满足要求。

3 SGP 夹层中空玻璃校核

案例中该玻璃幕墙为有肋类型，考虑该玻璃的边界条件为四边支承。玻璃面板的校核内容主要包括挠度、强度和稳定性验算三部分内容；作用荷载考虑自重、风荷载和地震作用。

夹层玻璃中间胶片采用 SGP 时，厚度相当于两片玻璃厚度之和。

1）基本数据

玻璃短边长度

$$a=2\ 500\ \text{mm}$$

玻璃长边长度

$$b=9\ 550\ \text{mm}$$

外片玻璃厚度

$$t_1=(12+12)\text{mm}$$

内片玻璃厚度

$$t_2=(12+12)\text{mm}$$

玻璃强度设计值（上海市工程建设规范《建筑幕墙工程技术标准》DG/TJ 08—56—2019 中表 3.2.1 选取）

$$f_g=59\ \text{MPa}$$

玻璃弹性模量(上海市工程建设规范《建筑幕墙工程技术标准》DG/TJ 08—56—2019 中表 3.2.17 选取)

$$E = 72\,000\ \text{MPa}$$

玻璃的泊松比(上海市工程建设规范《建筑幕墙工程技术标准》DG/TJ 08—56—2019 中表 3.2.17 选取)

$$\nu = 0.2$$

玻璃重力密度(行业标准《玻璃幕墙工程技术规范》JGJ 102—2003 中表 5.3.1 选取)

$$\gamma_g = 25.6\ \text{kN/m}^3$$

2) 荷载分析

玻璃自重

$$G_{k1} = \gamma_g \times t_1 = 25.6 \times 0.024 = 0.61\ \text{kN/m}^2$$

$$G_{k2} = \gamma_g \times t_2 = 25.6 \times 0.024 = 0.61\ \text{kN/m}^2$$

风压标准值

$$w_k = 0.88\ \text{kPa}$$

外片玻璃承受风压

$$w_{k1} = 1.1\,\frac{w_k \times t_{eff1}^3}{t_{eff1}^3 + t_{eff2}^3} = 1.1 \times \frac{0.88 \times 22.34^3}{22.34^3 + 22.34^3} = 0.48\ \text{kPa}$$

内片玻璃承受风压

$$w_{k2} = \frac{w_k \times t_{eff2}^3}{t_{eff1}^3 + t_{eff2}^3} = \frac{0.88 \times 22.34^3}{22.34^3 + 22.34^3} = 0.44\ \text{kPa}$$

抗震设防烈度/地震加速度(上海市工程建设规范《建筑幕墙工程技术标准》DG/TJ 08—56—2019 第 10.1.5 条)

7 度,$0.10g$

水平地震影响系数最大值(国家标准《建筑抗震设计规范》GB 5011—2011 表 5.1.4-1)

$$\alpha_{max} = 0.08$$

外片玻璃地震作用(上海市工程建设规范《建筑幕墙工程技术标准》DG/TJ 08—56—2019 第 10.2.6 条)

$$q_{Ek1} = \beta_E \alpha_{max} G_{k1} = 5 \times 0.08 \times 0.048 = 0.244 \text{ kPa}$$

内片玻璃地震作用(上海市工程建设规范《建筑幕墙工程技术标准》DG/TJ 08—56—2019 第 10.2.6 条)

$$q_{Ek2} = \beta_E \alpha_{max} G_{k2} = 5 \times 0.08 \times 0.048 = 0.244 \text{ kPa}$$

3) 挠度检验

挠度计算依据本标准第 5.4.13 条,验算玻璃面板在风荷载作用下跨中挠度。

玻璃短边长度

$$a = 2\,500 \text{ mm}$$

玻璃长边长度

$$b = 9\,550 \text{ mm}$$

玻璃截面高度

$$h = 2\,500 \text{ mm}$$

单片玻璃厚度

$$t = 12 \text{ mm}$$

计算跨度(四边支承时的短边跨度)

$$l = 2\,500 \text{ mm}$$

荷载及边界条件系数

$$\psi = 9.88$$

中间膜厚度

$$t_{\mathrm{p}} = 1.52\ \mathrm{mm}$$

中间膜胶片剪切模量（考虑使用 70℃温度和 3 s 荷载作用情况下）

$$G_{\mathrm{p}} = 2.93\ \mathrm{N/mm^2}$$

宽长比

$$\frac{a}{b} = \frac{2\,500}{9\,550} = 0.26$$

挠度系数（线性插值）

$$\mu = 0.012\,75$$

单片玻璃绕弱轴的截面惯性矩

$$I = \frac{ht^3}{12} = \frac{2\,500 \times 12^3}{12} = 360\,000\ \mathrm{mm^4}$$

单片玻璃的截面面积

$$A = ht = 2\,500 \times 12 = 30\,000\ \mathrm{mm^2}$$

夹层玻璃截面完全组合对应的绕弱轴截面惯性矩

$$I_{\mathrm{tot}} = \frac{h\ (nt)^3}{12} = \frac{2\,500 \times (2 \times 12)^3}{12} = 2\,880\,000\ \mathrm{mm^3}$$

玻璃截面组合程度衡量参数

$$\eta = \frac{1}{1 + \dfrac{EIt_{\mathrm{p}}}{12G_{\mathrm{p}}hl^2}\dfrac{n^2A(n+1)}{I_{\mathrm{tot}}}\psi}$$

$$= 1\Big/\Big[1 + \frac{72\,000 \times 360\,000 \times 1.52}{12 \times 2.93 \times 2\,500 \times 2\,500^2} \times$$

$$\frac{2^2\times 30\,000\times(2+1)}{2\,880\,000}\times 9.88\Big]$$

$$=0.92$$

内、外片玻璃挠度等效厚度

$$t_{\mathrm{eff}}=\frac{1}{\sqrt[3]{\dfrac{\eta}{(nt)^3}+\dfrac{1-\eta}{nt^3}}}=\frac{1}{\sqrt[3]{\dfrac{0.92}{(2\times 12)^3}+\dfrac{1-0.92}{2\times 12^3}}}$$

$$=22.34\ \mathrm{mm}$$

内、外片玻璃刚度

$$D_1=D_2=\frac{Et_{\mathrm{eff}}^3}{12(1-\upsilon^2)}=\frac{72\,000\times 22.34^3}{12\times(1-0.2^2)}=68\,993\ \mathrm{N\cdot m}$$

折减系数

$$\eta'_{\mathrm{w1}}=\eta'_{\mathrm{w2}}=1.00$$

外片玻璃挠度

$$d_{\mathrm{f1}}=\frac{\mu w_{\mathrm{k1}}a'^4}{D_1}\eta'_{\mathrm{w1}}=\frac{0.012\,75\times 0.000\,48\times 2\,500^4}{68\,993\,000}\times 1.00$$

$$=3.47\ \mathrm{mm}$$

内片玻璃挠度

$$d_{\mathrm{f2}}=\frac{\mu w_{\mathrm{k2}}a'^4}{D_2}\eta'_{\mathrm{w2}}=\frac{0.012\,75\times 0.000\,44\times 2\,500^4}{68\,993\,000}\times 1.00$$

$$=3.18\ \mathrm{mm}$$

挠度限值

$$d_{\mathrm{f,lim}}=\frac{a'}{60}=\frac{2\,500}{60}=41.67\ \mathrm{mm}$$

校核

$$\frac{d_{\mathrm{f1}}}{d_{\mathrm{f,lim}}}=\frac{3.47}{41.67}=0.083<1$$

$$\frac{d_{f2}}{d_{f,lim}}=\frac{3.18}{41.67}=0.0763<1$$

故座地式全玻璃幕墙挠度验算满足要求。

4） 强度检验

弯矩系数

$$m=0.1224$$

（1）在风荷载作用下的应力计算

① 外片玻璃

最大拉应力

$$\begin{aligned}\sigma_{wk1}^{+}&=\frac{6mw_{k1}a'^2}{t_{eff}^2}\eta_{w1}\\&=\frac{6\times0.1224\times0.00048\times2500^2}{22.34^2}\times1.00\\&=4.41\ \text{MPa}\end{aligned}$$

最大压应力

$$\begin{aligned}\sigma_{wk1}^{-}&=-\frac{6mw_{k1}a'^2}{t_{eff}^2}\eta_{w1}\\&=-\frac{6\times0.1224\times0.00048\times2500^2}{22.34^2}\times1.00\\&=-4.41\ \text{MPa}\end{aligned}$$

② 内片玻璃

最大拉应力

$$\begin{aligned}\sigma_{wk2}^{+}&=\frac{6mw_{k2}a'^2}{t_{eff}^2}\eta_{w2}\\&=\frac{6\times0.1224\times0.00044\times2500^2}{22.34^2}\times1.00\\&=4.05\ \text{MPa}\end{aligned}$$

最大压应力

$$\sigma_{wk2}^{-}=-\frac{6mw_{k2}a'^2}{t_{eff}^2}\eta_{w2}$$

$$=-\frac{6\times 0.122\,4\times 0.000\,44\times 2\,500^2}{22.34^2}\times 1.00$$

$$=-4.05\ \mathrm{MPa}$$

(2) 在地震作用下的应力计算

外片玻璃参数

$$\theta_{E1}=\frac{(E_{k1}+0.2w_{k1})a'^4}{Et_{eff}^4}$$

$$=\frac{(0.000\,244+0.2\times 0.000\,48)\times 2\,500^4}{72\,000\times 22.34^4}$$

$$=0.740$$

内片玻璃参数

$$\theta_{E2}=\frac{(E_{k2}+0.2w_{k2})a'^4}{Et_{eff}^4}$$

$$=\frac{(0.000\,244+0.2\times 0.000\,44)\times 2\,500^4}{72\,000\times 22.34^4}$$

$$=0.723$$

折减系数

$$\eta_{E1}'=\eta_{E2}'=1.00$$

内外片玻璃最大拉应力

$$\sigma_{Ek1}^{+}=\sigma_{Ek2}^{+}=\frac{6mE_{k1}a'^2}{t_{eff}^2}\eta_{E1}=\frac{6mE_{k2}a'^2}{t_{eff}^2}\eta_{E2}$$

$$=\frac{6\times 0.122\,4\times 0.000\,244\times 2\,500^2}{22.34^2}\times 1.00$$

$$=2.24\ \mathrm{MPa}$$

内外片玻璃最大压应力

$$\bar{\sigma}_{Ek1}=\bar{\sigma}_{Ek2}=-\frac{6mE_{k1}a'^2}{t_{eff}^2}\eta_{E1}=-\frac{6mE_{k2}a'^2}{t_{eff}^2}\eta_{E2}$$

$$=-\frac{6\times 0.122\ 4\times 0.000\ 244\times 2\ 500^2}{22.34^2}\times 1.00$$

$$=-2.24\ \text{MPa}$$

在自重集中荷载作用下的应力计算

$$\bar{\sigma}_{自重1}=\bar{\sigma}_{自重2}=-\frac{G_{k1}\times a\times b}{a\times t_1}$$

$$=-\frac{G_{k2}\times a\times b}{a\times t_2}$$

$$=-\frac{0.000\ 61\times 9\ 550\times 2\ 500}{2\ 500\times 24}$$

$$=-0.24\ \text{MPa}$$

因此，在自重恒荷载、风荷载和地震作用下最不利应力值见表 A.2.2。

表 A.2.2　各工况下玻璃面板应力值

玻璃位置	应力类别	自重	风荷载	地震作用
外片	拉应力(MPa)	−0.24	4.41	2.24
	压应力(MPa)	−0.24	−4.41	−2.24
内片	拉应力(MPa)	−0.24	4.05	2.24
	压应力(MPa)	−0.24	−4.05	−2.24

分别进行无地震作用效应和有地震效应的组合，风荷载和地震作用为短期荷载，自重作用为长期荷载，分别使用玻璃在短期荷载和长期荷载作用下的中部强度设计值。

(1) 无地震作用效应组合时

受拉侧

$$\gamma_G \frac{\bar{\sigma}_{自重1}}{f_{gl}} + \psi_w \gamma_w \frac{\overset{+}{\sigma}_{wk1}}{f_{gs}} = 1.0 \times \frac{-0.24}{42} + 1.0 \times 1.5 \times \frac{4.41}{84} = 0.073 < 1$$

$$\gamma_G \frac{\bar{\sigma}_{自重2}}{f_{gl}} + \psi_w \gamma_w \frac{\overset{+}{\sigma}_{wk2}}{f_{gs}} = 1.0 \times \frac{-0.24}{42} + 1.0 \times 1.5 \times \frac{4.05}{84} = 0.067 < 1$$

受压侧

$$\gamma_G \frac{\bar{\sigma}_{自重1}}{f_{gl}} + \psi_w \gamma_w \frac{\bar{\sigma}_{wk1}}{f_{gs}} = 1.3 \times \frac{0.24}{42} + 1.0 \times 1.5 \times \frac{4.41}{84} = 0.086 < 1$$

$$\gamma_G \frac{\bar{\sigma}_{自重2}}{f_{gl}} + \psi_w \gamma_w \frac{\bar{\sigma}_{wk2}}{f_{gs}} = 1.3 \times \frac{0.24}{42} + 1.0 \times 1.5 \times \frac{4.05}{84} = 0.080 < 1$$

(2) 有地震作用效应组合时

受拉侧

$$\gamma_G \frac{\bar{\sigma}_{自重1}}{f_{gl}} + \psi_w \gamma_w \frac{\overset{+}{\sigma}_{wk1}}{f_{gs}} + \psi_E \gamma_E \frac{\overset{+}{\sigma}_{Ek1}}{f_{gs}}$$

$$= 1.0 \times \frac{-0.24}{42} + 0.2 \times 1.4 \times \frac{4.41}{84} + 1.0 \times 1.3 \times \frac{2.24}{84}$$

$$= 0.044 < 1$$

$$\gamma_G \frac{\bar{\sigma}_{自重2}}{f_{gl}} + \psi_w \gamma_w \frac{\overset{+}{\sigma}_{wk2}}{f_{gs}} + \psi_E \gamma_E \frac{\overset{+}{\sigma}_{Ek2}}{f_{gs}}$$

$$= 1.0 \times \frac{-0.24}{42} + 0.2 \times 1.4 \times \frac{4.05}{84} + 1.0 \times 1.3 \times \frac{2.24}{84}$$

$$= 0.042 < 1$$

受压侧(永久荷载作用效应为不利情况)

$$\gamma_G \frac{\bar{\sigma}_{自重1}}{f_{gl}} + \psi_w \gamma_w \frac{\bar{\sigma}_{wk1}}{f_{gs}} + \psi_E \gamma_E \frac{\bar{\sigma}_{Ek1}}{f_{gs}}$$

$$= 1.3 \times \frac{0.24}{42} + 0.2 \times 1.4 \times \frac{4.41}{84} + 1.0 \times 1.3 \times \frac{2.24}{84}$$

$$= 0.057 < 1$$

$$\gamma_G \frac{\bar{\sigma}_{自重2}}{f_{gl}} + \psi_w \gamma_w \frac{\bar{\sigma}_{wk2}}{f_{gs}} + \psi_E \gamma_E \frac{\bar{\sigma}_{Ek2}}{f_{gs}}$$

$$= 1.3 \times \frac{0.24}{42} + 0.2 \times 1.4 \times \frac{4.05}{84} + 1.0 \times 1.3 \times \frac{2.24}{84}$$

$$= 0.056 < 1$$

故强度验算满足要求。

5）玻璃面板稳定性验算

玻璃面板按照轴心受压-面外受弯构件校核。

玻璃边缘强度设计值

$$f_{gs} = 67 \text{ MPa}$$

$$f_{gl} = 34 \text{ MPa}$$

自重作用

$$N_{k1} = N_{k2} = G_{k1} \times a \times b = 0.000\,61 \times 2\,500 \times 9\,550$$
$$= 14.56 \text{ kN}$$

玻璃面板的玻璃截面总面积

$$A_{tot} = 2 \times 12 \times 2\,500 = 60\,000 \text{ mm}$$

玻璃面板高度方向上的屈曲模态半波数量

$$m = 1$$

四边简支玻璃面板受压时稳定系数

$$k_1 = \left(\frac{mb}{a} + \frac{a}{mb}\right)^2 = \left(\frac{1 \times 2\,500}{9\,550} + \frac{9\,550}{1 \times 2\,500}\right)^2 = 16.66$$

四边简支玻璃面板受压时的弹性屈曲临界线荷载

$$N'_{1cr}=k_1\frac{E\pi^2 t_{eff}^3}{12b^2(1-\upsilon^2)}=16.66\times\frac{72\,000\times\pi^2\times 22.34^3}{12\times 2\,500^2\times(1-0.2^2)}$$
$$=1.833\ \text{kN/mm}$$

四边简支玻璃面板受压时弹性屈曲临界荷载

$$N'_{cr}=N'_{1cr}\times b=1.833\times 2\,500=4.58\times 10^9\ \text{N}$$

玻璃面板受压时的正则化长细比

$$\lambda'_c=\sqrt{\frac{A_{tot}f_{g1}}{N'_{cr}}}=\sqrt{\frac{60\,000\times 34}{4.58\times 10^9}}=0.021$$

计算受压玻璃面板整体稳定系数的中间系数

$$\varphi'_c=0.5[1+\alpha'_c(\lambda'_c-0.8)+\lambda'^2_c]$$
$$=0.5\times[1+0.49\times(0.021-0.8)+0.021^2]$$
$$=0.309$$

玻璃面板受压时的整体稳定系数

$$\varphi'_c=\frac{1}{\varphi'_c+\sqrt{\varphi'^2_c-\lambda'^2_c}}=\frac{1}{0.309+\sqrt{0.309^2-0.021^2}}=1.62$$

$$W'_x=\frac{h}{6\left(\frac{n-1}{n^3t^2}\eta+\frac{t}{t_{eff}^3}\right)}=\frac{450}{6\times\left(\frac{2-1}{2^3\times 12^2}\times 1.0+\frac{12}{22.34^3}\right)}$$
$$=38\,573.27\ \text{mm}^3$$

外片玻璃面板稳定性校验

(1) 无地震作用效用组合

风荷载分项系数

$$\gamma_w=1.5$$

风荷载组合系数

$$\psi_w = 1.0$$

轴力设计值

$$N_1 = \gamma_G \times N_{k1} = 1.3 \times 14.56 = 18.93\ \text{kN}$$

弯矩设计值

$$M_{x1} = \frac{\psi_w \gamma_w w_{k1} b l^2}{8} = \frac{1.0 \times 1.5 \times 0.000\,48 \times 1.0 \times 2\,500^2}{8}$$

$$= 562.5\ \text{N} \cdot \text{m}$$

校核

$$\frac{N_1}{\varphi'_c A_{tot} f_{gl}} + \frac{M_{x1}}{W'_x f_{gs}(1 - 0.8N/N'_{cr})}$$

$$= \frac{18.93 \times 10^3}{1.62 \times 60\,000 \times 34} +$$

$$\frac{562.5 \times 10^3}{38\,573.27 \times 67 \times [1 - 0.8 \times 18.93 \times 10^3/(4.58 \times 10^9)]}$$

$$= 0.223 < 1$$

(2) 有地震作用效应组合

风荷载分项系数

$$\gamma_w = 1.4$$

风荷载组合系数

$$\psi_w = 0.2$$

地震作用分项系数

$$\gamma_E = 1.3$$

地震作用组合值系数

$$\psi_E = 0.2$$

轴力设计值

$$N_1 = \gamma_G \times N_{k1} = 1.2 \times 14.56 = 17.47\ \text{kN}$$

弯矩设计值

$$M_{x1} = \frac{(\psi_w \gamma_w w_{k1} + \psi_E \gamma_E E_{k1}) b l^2}{8}$$

$$= \frac{(0.2 \times 1.4 \times 0.000\,48 + 1.0 \times 1.3 \times 0.000\,244) \times 1.0 \times 2\,500^2}{8}$$

$$= 352.81\ \text{N} \cdot \text{m}$$

校核

$$\frac{N_1}{\varphi'_c A_{tot} f_{gl}} + \frac{M_{x1}}{W'_x f_{gs}(1 - 0.8N/N'_{cr})}$$

$$= \frac{17.47 \times 10^3}{1.62 \times 60\,000 \times 34} +$$

$$\frac{352.81 \times 10^3}{38\,573.27 \times 67 \times [1 - 0.8 \times 17.47 \times 10^3 / (4.58 \times 10^9)]}$$

$$= 0.142 < 1$$

内片玻璃面板稳定性校验

无地震作用效用组合

轴力设计值

$$N_1 = \gamma_G \times N_{k1} = 1.3 \times 14.56 = 18.93\ \text{kN}$$

弯矩设计值

$$M_{x1} = \frac{\psi_w \gamma_w w_{k1} b l^2}{8} = \frac{1.0 \times 1.5 \times 0.000\,44 \times 1.0 \times 2\,500^2}{8}$$

$$= 515.62\ \text{N} \cdot \text{m}$$

校核

$$\frac{N_1}{\varphi'_c A_{tot} f_{gl}} + \frac{M_{x1}}{W'_x f_{gs}(1-0.8N/N'_{cr})}$$

$$= \frac{18.93 \times 10^3}{1.62 \times 60\,000 \times 34} +$$

$$\frac{515.62 \times 10^3}{38\,573.27 \times 67 \times [1-0.8 \times 18.93 \times 10^3/(4.58 \times 10^9)]}$$

$$= 0.205 < 1$$

有地震作用效应组合

轴力设计值

$$N_1 = \gamma_G \times N_{k1} = 1.2 \times 14.56 = 17.47 \text{ kN}$$

弯矩设计值

$$M_{x1} = \frac{(\psi_w \gamma_w w_{k1} + \psi_E \gamma_E E_{k1}) b l^2}{8}$$

$$= \frac{(0.2 \times 1.4 \times 0.000\,44 + 1.0 \times 1.3 \times 0.000\,244) \times 1.0 \times 2\,500^2}{8}$$

$$= 344.06 \text{ N} \cdot \text{m}$$

校核

$$\frac{N_1}{\varphi'_c A_{tot} f_{gl}} + \frac{M_{x1}}{W'_x f_{gs}(1-0.8N/N'_{cr})}$$

$$= \frac{17.47 \times 10^3}{1.62 \times 60\,000 \times 34} +$$

$$\frac{344.06 \times 10^3}{38\,573.27 \times 67 \times [1-0.8 \times 17.47 \times 10^3/(4.58 \times 10^9)]}$$

$$= 0.138 < 1$$

玻璃面板的稳定性满足要求。

4 标准坐地玻璃肋校核

1）基本参数

肋玻璃厚度

$$t_s = 5 \times 12 = 60\ \text{mm}$$

玻璃肋截面高度

$$h = 450\ \text{mm}$$

面玻璃厚度

$$t = 4 \times 12 = 48\ \text{mm}$$

玻璃侧面设计强度

$$f_{gs} = 59\ \text{MPa}\ (\text{短期荷载作用})$$

$$f_{gl} = 30\ \text{MPa}\ (\text{长期荷载作用})$$

玻璃弹性模量

$$E = 72\ 000\ \text{MPa}$$

玻璃的泊松比

$$\upsilon = 0.2$$

玻璃剪切模量

$$G = \frac{E}{2 \times (1 + \upsilon)} = \frac{72\ 000}{2 \times (1 + 0.2)} = 30\ 000\ \text{MPa}$$

2）荷载分析

受荷宽度

$$a = 2\ 500\ \text{mm}$$

受荷高度

$$b = 9\ 550\ \text{mm}$$

风荷载标准值

$$w_k = 0.88\ \text{kPa}$$

玻璃重力密度

$$\gamma_g = 25.6\ \mathrm{kN/m^3}$$

玻璃自重

$$G_k = 1.60\ \mathrm{kN/m^2}$$

$$G_{ks} = \gamma_g \times t_s = 25.6 \times 0.06 = 1.536\ \mathrm{kN/m^2}$$

轴力

$$N_k = G_{ks} \times h \times t = 0.001\,536 \times 450 \times 60 = 41.47\ \mathrm{N}$$

抗震设防烈度/地震加速度

$$7\text{ 度},0.10g$$

水平地震影响系数最大值

$$\alpha_{max} = 0.08$$

地震作用

$$E_k = \beta_E \alpha_{max} G_k = 5 \times 0.08 \times 1.6 = 0.64\ \mathrm{kN/m^2}$$

面内受弯均布荷载设计值

(1) 无地震作用效应

风荷载分项系数

$$\gamma_w = 1.5$$

风荷载组合系数

$$\varphi_w = 1.0$$

$$S_{wk} = \psi_w \gamma_w w_k = 1.0 \times 1.5 \times 0.88 = 1.32\ \mathrm{kPa}$$

$$M_x = \frac{S_{wk} a b^2}{8} = \frac{1.32 \times 1\,000 \times 2.5 \times 9.55^2}{8} = 37.62\ \mathrm{kN \cdot m}$$

(2) 有地震作用效应

风荷载分项系数

$$\gamma_w = 1.4$$

风荷载组合系数

$$\varphi_w = 0.2$$

地震作用分项系数

$$\gamma_E = 1.3$$

地震作用组合值系数

$$\varphi_E = 1.0$$

$$S = \psi_w \gamma_w w_k + \psi_E \gamma_E q_{Ek} = 0.2 \times 1.4 \times 0.88 + 1.0 \times 1.3 \times 0.64$$
$$= 1.078 \text{ kPa}$$

$$M_x = \frac{Sab^2}{8} = \frac{1.078 \times 1\,000 \times 2.5 \times 9.55^2}{8} = 30.72 \text{ kN} \cdot \text{m}$$

因此,分布荷载设计值应取为 1.32 kPa。

3) 胶缝校核

胶缝宽度(肋截面厚度)

$$t_c = t_s = 60 \text{ mm}$$

(1) 仅考虑风荷载作用

$$S_{wk} = \gamma_w w_k = 1.5 \times 0.88 = 1.32 \text{ kN/m}^2$$

(2) 考虑风荷载和地震作用

$$S = \psi_w \gamma_w w_k + \psi_E \gamma_E E_k = 0.2 \times 1.4 \times 0.88 + 1.0 \times 1.3 \times 0.64$$
$$= 1.08 \text{ kN/m}^2$$

因此,可见风荷载起控制作用。

硅胶拉应力

$$\sigma_s = \frac{S \times a}{t_s} = \frac{0.001\ 32 \times 2\ 500}{60} = 0.055\ \text{MPa}$$

硅胶强度设计值

$$f_1 = 0.2\ \text{MPa}$$

$$\frac{\sigma_s}{f_1} = \frac{0.055}{0.2} = 0.275 < 1$$

故胶缝强度满足要求。

4）玻璃肋挠度校核

跨中挠度

$$d_f = \frac{5w_k ab^4}{32Eth^3} = \frac{5 \times 0.000\ 88 \times 2\ 500 \times 9\ 550^4}{32 \times 72\ 000 \times 60 \times 450^3} = 7.26\ \text{mm}$$

挠度限值

$$d_{f,\lim} = \frac{l}{360} = \frac{9\ 550}{360} = 26.53\ \text{mm}$$

$$\frac{d_f}{d_{f,\lim}} = \frac{7.26}{26.53} = 0.274 < 1$$

故玻璃肋挠度满足要求。

5）玻璃肋强度校核

截面模量

$$W_x = \frac{nt_s h^2}{6} = \frac{5 \times 12 \times 450^2}{6} = 2\ 025\ 000\ \text{mm}^3$$

强度校核

（1）无地震作用效应组合

受拉侧

$$\frac{\gamma_G N_k}{A_{tot} f_{gl}} + \frac{M_x}{W_x f_{gs}} = \frac{1.0 \times (-41.47)}{27\ 000 \times 34} + \frac{37.62 \times 10^6}{2\ 025\ 000 \times 67}$$
$$= 0.277 < 1$$

受压侧

$$\frac{\gamma_G N_k}{A_{tot} f_{gl}} + \frac{M_x}{W_x f_{gs}} = \frac{1.3 \times 41.47}{27\,000 \times 34} + \frac{37.62 \times 10^6}{2\,025\,000 \times 67} = 0.277 < 1$$

(2) 有地震作用效应组合

受拉侧(永久荷载作用效应为有利情况)

$$\frac{\gamma_G N_k}{A_{tot} f_{gl}} + \frac{M_x}{W_x f_{gs}} = \frac{1.0 \times (-41.47)}{27\,000 \times 34} + \frac{30.72 \times 10^6}{2\,025\,000 \times 67} = 0.226 < 1$$

受压侧(永久荷载作用效应为不利情况)

$$\frac{\gamma_G N_k}{A_{tot} f_{gl}} + \frac{M_x}{W_x f_{gs}} = \frac{1.3 \times 41.47}{27\,000 \times 34} + \frac{30.72 \times 10^6}{2\,025\,000 \times 67} = 0.226 < 1$$

故玻璃肋的强度满足要求。

6) 玻璃肋稳定性校核

玻璃边缘强度

$$f_{gs} = 67 \text{ MPa}$$

$$f_{gl} = 34 \text{ MPa}$$

中间膜厚度

$$t_p = 1.52 \text{ mm}$$

截面完全组合对应绕弱轴截面惯性矩

$$I_{tot} = \frac{h\ (nt)^3}{12} = \frac{450 \times (5 \times 12)^3}{12} = 8\,100\,000 \text{ mm}^4$$

单片玻璃绕弱轴截面惯性矩

$$I=\frac{ht_g^3}{12}=\frac{450\times 12^3}{12}=64\ 800\ \mathrm{mm}^4$$

单片玻璃截面面积

$$A=h\times t=450\times 12=5\ 400\ \mathrm{mm}^2$$

玻璃肋的玻璃截面总面积

$$A_{\mathrm{tot}}=60\times 450=27\ 000\ \mathrm{mm}^2$$

集中荷载作用下荷载和边界条件相关系数(均布荷载作用)

$$\psi=9.88$$

截面组合程度衡量参数

$$\eta=\frac{1}{1+\frac{EIt_{\mathrm{p}}}{12G_{\mathrm{p}}hb^2}\frac{n^2A(n+1)}{I_{\mathrm{tot}}}\psi}$$

$$=\frac{1}{1+\frac{72\ 000\times 64\ 800\times 1.52}{12\times 2.93\times 450\times 9\ 550^2}\times\frac{5^2\times 5\ 400\times(5+1)}{8\ 100\ 000}\times 9.88}$$

$$=0.995$$

挠度等效厚度

$$t_{\mathrm{eff}}=\frac{1}{\sqrt[3]{\frac{\eta}{(nt)^3}+\frac{1-\eta}{nt^3}}}=\frac{1}{\sqrt[3]{\frac{0.995}{(5\times 12)^3}+\frac{1-0.995}{5\times 12^3}}}=58.82\ \mathrm{mm}$$

绕弱轴的等效惯性矩

$$I_{\mathrm{eff}}=\frac{ht_{\mathrm{eff}}^3}{12}=\frac{450\times 58.82^3}{12}=7\ 631\ 437\ \mathrm{mm}^4$$

轴心受压的弹性屈曲临界荷载

$$N_{\mathrm{cr}}=\frac{\pi EI_{\mathrm{eff}}}{l^2}=\frac{\pi\times 72\ 000\times 7\ 631\ 437}{9\ 550^2}=18\ 927\ \mathrm{N}$$

受压时的正则化长细比

$$\lambda_c = \sqrt{\frac{A_{tot} f_{gl}}{N_{cr}}} = \sqrt{\frac{27\,000 \times 34}{18\,927}} = 6.96$$

受压时的初始缺陷系数

$$\alpha_c = 0.71$$

计算受压整体稳定系数的中间系数

$$\varphi_c = 0.5[1 + \alpha_c(\lambda_c - 0.6) + \lambda_c^2]$$
$$= 0.5 \times [1 + 0.71 \times (6.96 - 0.6) + 10.03^2] = 52.76$$

受压时整体稳定系数

$$\varphi_c = \frac{1}{\phi_c + \sqrt{\phi_c^2 - \lambda_c^2}} = \frac{1}{52.76 + \sqrt{52.76^2 - 6.96^2}} = 0.009$$

截面完全组合时的自由扭转惯性矩

$$J_{tot} = \frac{h}{3} n t_g [t_g^2 + (n^2 - 1)(t_g + t_p)^2]$$
$$= \frac{450}{3} \times 5 \times 12 \times [12^2 + (5^2 - 1) \times (12 + 1.52)^2]$$
$$= 40\,778\,726.4 \text{ mm}^4$$

弯矩分布形状系数

$$C_1 = 1.13$$

面内受弯的临界弯矩

$$M_{cr} = C_1 \frac{\pi}{l} \sqrt{EI_{eff} GJ_{tot}}$$
$$= 1.13 \times \frac{\pi}{9\,550} \times \sqrt{72\,000 \times 7\,631\,437 \times 30\,000 \times 40\,778\,726.4}$$
$$= 304.62 \text{ kN} \cdot \text{m}$$

面内弯曲截面模量

$$W_x = \frac{nt_s h^2}{6} = \frac{5 \times 12 \times 450^2}{6} = 2\ 025\ 000\ \text{mm}^3$$

面内受弯构件的正则化长细比

$$\lambda_b = \sqrt{\frac{W_x f_{gs}}{M_{cr}}} = \sqrt{\frac{2\ 025\ 000 \times 67}{304\ 620\ 000}} = 0.67$$

初始缺陷

$$\alpha_b = 0.26$$

计算整体稳定系数的中间系数

$$\begin{aligned} \phi_b &= 0.5[1 + \alpha_b(\lambda_b - 0.2) + \lambda_b^2] \\ &= 0.5 \times [1 + 0.26 \times (0.67 - 0.2) + 0.67^2] = 0.81 \end{aligned}$$

面内受弯构件的整体稳定系数

$$\varphi_b = \frac{1}{\phi_b + \sqrt{\phi_b^2 - \lambda_b^2}} = \frac{1}{0.81 + \sqrt{0.81^2 - 0.67^2}} = 0.833$$

无地震作用效应组合

$$\begin{aligned} &\frac{\gamma_G N_k}{\varphi_c A_{tot} f_{gl}} + \frac{M_x}{\varphi_b W_x f_{gs}} \\ &= \frac{1.3 \times 41.47}{0.009 \times 27\ 000 \times 34} + \frac{37.62 \times 10^6}{0.833 \times 2\ 025\ 000 \times 67} \\ &= 0.336 < 1 \end{aligned}$$

有地震作用效用组合

$$\frac{\gamma_G N_k}{\varphi_c A_{tot} f_{gl}} + \frac{M_x}{\varphi_b W_x f_{gs}}$$

$$=\frac{1.2\times 41.47}{0.009\times 27\,000\times 34}+\frac{30.72\times 10^{6}}{0.833\times 2\,025\,000\times 67}$$
$$=0.276<1$$

故玻璃肋的整体稳定性满足要求。

7）下端连接校核

水平方向荷载

$$F_{x}=0.5\times S\times a\times b=0.5\times 0.001\,32\times 2\,500\times 9\,550$$
$$=15.757\ \text{kN}$$

螺栓性能等级

$$\text{A-70}$$

螺栓规格

$$d=16\ \text{mm}$$

螺栓抗拉有效截面面积

$$A_{t}=157.0\ \text{mm}^{2}$$

螺栓抗拉强度设计值

$$f_{tb}=280\ \text{MPa}$$

螺栓抗剪强度设计值

$$f_{vb}=265\ \text{MPa}$$

螺栓抗剪承载力设计值（国家标准《钢结构设计规范》GB 50017—2017 第 11.4.1 条）

$$N_{vb}=A_{t}f_{vb}=157\times 265=41.60\ \text{kN}$$

螺栓抗剪承载力校核

$$\frac{F_{x}}{3N_{vb}}=\frac{15.757}{3\times 41.60}=0.126<1$$

故下端连接满足要求。

8）顶端连接校核

标准玻璃顶部入槽，槽口钢板通过焊缝与主钢梁相连。

焊缝长度

$$L_f = 100 \text{ mm}$$

焊缝尺寸

$$h_f = 8 \text{ mm}$$

焊缝应力（国家标准《钢结构设计规范》GB 50017—2017 第 11.2.2 条）

$$\sigma_f = \frac{F_x}{2 \times 0.7 h_f \times (L_f - 2h_f)} = \frac{15\,757}{2 \times 0.7 \times 8 \times (100 - 2 \times 8)}$$
$$= 16.75 \text{ MPa}$$

角焊缝设计强度

$$f_w = 160 \text{ MPa}$$

焊缝强度校核

$$\frac{\sigma_f}{f_w} = \frac{16.75}{160} = 0.105 < 1$$

故顶端连接满足要求。

本标准用词说明

1　为便于在执行本标准条文时区别对待，对要求严格程度不同的用词说明如下：

1）表示很严格，非这样做不可的用词：
正面词采用“必须”；
反面词采用“严禁”。

2）表示严格，在正常情况下均应这样做的用词：
正面词采用“应”；
反面词采用“不应”或“不得”。

3）表示允许稍有选择，在条件许可时首先应这样做的用词：
正面词采用“宜”；
反面词采用“不宜”。

4）表示有选择，在一定条件下可以这样做的用词，采用“可”。

2　条文中指明应按其他有关标准执行的写法为“应符合……的规定”或“应按……执行”。

引用标准名录

1 《建筑幕墙工程技术标准》DG/TJ 08—56
2 《建筑结构荷载规范》GB 50009
3 《混凝土结构设计规范》GB 50010
4 《建筑设计防火规范》GB 50016
5 《钢结构设计规范》GB 50017
6 《冷弯薄壁型钢结构技术规范》GB 50018
7 《建筑物防雷设计规范》GB 50057
8 《公共建筑节能设计标准》GB 50189
9 《钢结构工程施工质量验收标准》GB 50205
10 《建筑施工组织设计规范》GB/T 50502
11 《钢结构工程施工规范》GB 50755
12 《紧固件　铆钉用通孔》GB/T 152.1
13 《紧固件　沉头螺钉用沉孔》GB/T 152.2
14 《紧固件　圆柱头用沉孔》GB/T 152.3
15 《优质碳素结构钢》GB/T 699
16 《碳素结构钢》GB/T 700
17 《碳素结构钢和低合金结构钢热轧薄钢板和钢带》GB/T 912
18 《不锈钢焊条》GB/T 983
19 《不锈钢棒》GB/T 1220
20 《低合金高强度结构钢》GB/T 1591
21 《通用耐蚀钢铸件》GB/T 2100
22 《连续热镀锌钢板及钢带》GB/T 2518
23 《合金结构钢》GB/T 3077

24 《变形铝及铝合金化学成份》GB/T 3190

25 《碳素结构钢和低合金结构钢热轧钢板和钢带》GB/T 3274

26 《不锈钢冷轧钢板和钢带》GB/T 3280

27 《碳素结构钢和低合金结构钢热轧钢带》GB/T 3524

28 《耐候结构钢》GB/T 4171

29 《不锈钢冷加工钢棒》GB/T 4226

30 《不锈钢热轧钢板和钢带》GB/T 4237

31 《不锈钢和耐热钢冷轧钢带》GB 4239

32 《碳钢焊条》GB/T 5117

33 《热强钢焊条》GB/T 5118

34 《铝合金建筑型材　第1部分:基材》GB/T 5237.1

35 《铝合金建筑型材　第2部分:阳极氧化型材》GB/T 5237.2

36 《铝合金建筑型材　第3部分:电泳涂漆型材》GB/T 5237.3

37 《铝合金建筑型材　第4部分:喷粉型材》GB/T 5237.4

38 《铝合金建筑型材　第5部分:喷漆型材》GB/T 5237.5

39 《铝合金建筑型材　第6部分:隔热型材》GB/T 5237.6

40 《紧固件　螺栓和螺钉通孔》GB 5277

41 《工程结构用中、高强度不锈钢铸件》GB/T 6967

42 《结构用无缝钢管》GB/T 8162

43 《建筑材料及制品燃烧性能分级》GB 8624

44 《平板玻璃》GB 11614

45 《中空玻璃》GB/T 11944

46 《金属覆盖层　钢铁制件热浸镀锌层技术要求及试验方法》GB/T 13912

47 《建筑用安全玻璃　第1部分:防火玻璃》GB 15763.1

48 《建筑用安全玻璃　第2部分:钢化玻璃》GB 15763.2

49 《建筑用安全玻璃　第3部分:夹层玻璃》GB 15763.3

50 《建筑用安全玻璃　第4部分:均质钢化玻璃》GB 15763.4

51 《建筑用硅酮结构密封胶》GB 16776
52 《半钢化玻璃》GB/T 17841
53 《镀膜玻璃》GB/T 18915.1～2
54 《建筑幕墙》GB/T 21086
55 《防火封堵材料》GB 23864
56 《中空玻璃用硅酮结构密封胶》GB 24266
57 《建筑用阻燃密封胶》GB/T 24267
58 《建筑门窗、幕墙用密封胶条》GB/T 24498
59 《不锈钢钢绞线》GB/T 25821
60 《严寒和寒冷地区居住建筑节能设计标准》JGJ 26
61 《建筑机械使用安全技术规程》JGJ 33
62 《施工现场临时用电安全技术规范》JGJ 46
63 《夏热冬暖地区居住建筑节能设计标准》JGJ 75
64 《建筑施工高处作业安全技术规范》JGJ 80
65 《建筑钢结构焊接技术规程》JGJ 81
66 《预应力筋用锚具、夹具和连接器应用技术规程》JGJ 85
67 《高层民用建筑钢结构技术规程》JGJ 99
68 《夏热冬冷地区居住建筑节能设计标准》JGJ 134
69 《建筑玻璃点支承装置》JG/T 138
70 《吊挂式玻璃幕墙用吊夹》JG/T 139
71 《混凝土结构后锚固技术规程》JGJ 145
72 《建筑门窗玻璃幕墙热工计算规程》JGJ/T 151
73 《建筑用硬质塑料隔热条》JG/T 174
74 《建筑用隔热铝合金型材》JG 175
75 《建筑门窗五金件　通用要求》JG/T 212
76 《幕墙玻璃接缝用密封胶》JC/T 882
77 《中空玻璃用丁基热熔密封胶》JC/T 914
78 《釉面钢化及釉面半钢化玻璃》JC/T 1006
79 《真空玻璃》JC/T 1079

80 《超白浮法玻璃》JC/T 2128

81 《不锈钢热轧钢带》YB/T 5090

82 《防爆炸复合玻璃》GA 667

上海市建筑学会团体标准

座地式全玻璃幕墙技术标准

T/ASSC MQ01—2021

条 文 说 明

2021 上海

目　次

1 总 则

1.0.3 考虑现阶段玻璃加工制作的实际能力，汇总迄今为止工程应用实例，已建成的工程中，座地式全玻璃幕墙高度均未超过 20 m，故设定此标准应用范围。总高度小于 6 m 时，可参考现行上海市工程建设规范《建筑幕墙工程技术标准》DG/TJ 08—56 相关条文；超过 20 m 时，需专项论证。

4 选材及制作

4.1 一般规定

4.1.10 幕墙材料宜采用信息化管理方式，宜对材料采用信息码标示，信息码应包括名称、编号、规格、尺寸、性能、生产厂家、生产时间、原材料信息、质保时间等。信息码的数据结构、信息服务和符号印刷质量要求应符合现行国家标准《工业用乙烯、丙烯中微量氢的测定　气相色谱法》GB/T 3393 的规定。加工玻璃构件所采用的设备、机具应满足玻璃构件加工精度的要求，量具应按国家或当地市场监管局的相关规定进行定时计量检定和校准，并在有效期内使用。

5 设 计

5.1 一般规定

5.1.5 幕墙玻璃构件承受面内荷载应考虑初始缺陷影响，初始缺陷可采用等效几何偏心模拟。幕墙玻璃构件承受面内荷载同时受横向荷载时，几何偏心应考虑相应的横向挠度。

5.2 作用效应和组合

5.2.7 构件各作用效应设计值与对应抗力设计值的比值之和不应大于 1 的规定参考我国香港地区标准《Code of Practice for Structural Use of Glass》和意大利规范 CNR DT210 的有关规定。由于玻璃强度在长期荷载作用下会有很大折减，故最为保守的玻璃强度设计值为长期荷载作用下的玻璃强度。然而，由于不同持荷时间的荷载类型同时叠加出现的概率较低，采用长期荷载作用下的玻璃强度过于保守。目前，按照国内外的玻璃幕墙或玻璃结构相关规范经验，采用效应设计值和抗力设计值的线性相加之和不大于 1为验证条件。例如，考虑自重和风荷载工况进行验算时，应分别对自重和 3 s 风荷载组合、自重和 10 min 风荷载组合进行分别验算：

$$\frac{\sigma_{自重}}{f_{自重}}+\frac{\sigma_{风载,3\,s}}{f_{风载,3\,s}}\leqslant 1 \tag{1}$$

$$\frac{\sigma_{自重}}{f_{自重}}+\frac{\sigma_{风载,10\,min}}{f_{风载,10\,min}}\leqslant 1 \tag{2}$$

式中：$\sigma_{自重}$——自重产生的应力；

$\sigma_{风载,3\ s}$——3 s 风荷载产生的应力；

$\sigma_{风载,10\ min}$——10 min 风荷载产生的应力；

$f_{自重}$——自重长期荷载作用对应的玻璃强度设计值；

$f_{风载,3\ s}$——3 s 短期风荷载作用对应的玻璃强度设计值；

$f_{风载,10\ min}$——10 min 风荷载作用对应的玻璃强度设计值，出于保守设计，认为 10 min 风荷载对应的是长期荷载下的玻璃强度设计值。

5.2.9 幕墙玻璃构件进行玻璃破裂后结构安全分析时，夹层玻璃应考虑至少 1 层玻璃破裂后的情况，该破裂层并非作为安全储备的玻璃层，而是去除安全储备层后的夹层玻璃中的某层。例如，玻璃肋有 4 层玻璃，则安全储备层为 1 层，需要对 3 层夹层玻璃肋进行设计验算，并对破裂 1 层而剩余 2 层的夹层玻璃肋进行偶然作用下的验算。

5.3 玻璃肋设计

5.3.2 玻璃肋的挠度限值取值参考我国香港地区标准《Code of Practice for Structural Use of Glass》的有关规定，玻璃肋长度不大于 7.2m 时的挠度限值调整为 1/300，与现行上海市工程建设规范《建筑幕墙工程技术标准》DG/TJ 08—56 相应规定保持一致。

5.3.3 玻璃肋通常仅作为面内受弯构件进行计算，但当玻璃肋竖向布置且厚度较大或其需要承担从其他构件传来的竖向荷载时，应考虑轴向应力对整体稳定性的不利影响，此时应将玻璃肋作为压弯构件进行计算。

5.3.4 玻璃肋作为面内受弯构件计算时，其承载力通常由整体稳定性控制。但玻璃肋在承受不同持续时间的载荷时，由于其强度随荷载时间增加而出现退化，因此截面抗弯承载力仍然有必要进行验算。截面抗弯承载力宜对荷载持续时间为 3 s 和 10 min 的风荷载工况进行验算，此时玻璃强度设计值为相应短期荷载或长期荷载对应的强度。

5.3.5 不同于截面抗弯承载力计算中采用的玻璃端面强度，面内受弯构件的整体稳定性按照弱轴方向的玻璃边缘强度进行计算。

5.3.6 面内受弯构件的初始缺陷系数和玻璃类型、玻璃强度设计值、玻璃肋长度相关，此处取值参考意大利规范 CNR DT210。

5.3.9 面内受弯的玻璃肋临界弯矩由绕弱轴的弯曲稳定性控制，因此其等效惯性矩为绕弱轴方向，其临界弯矩计算方式参考意大利规范 CNR DT210。夹层玻璃考虑绕弱轴方向的弯曲行为时，可等效为一等效厚度的单片玻璃进行计算。

5.3.11 玻璃肋受压和受弯两种状态下通常均由整体稳定性控制，为简化和保守计算需要，其稳定性验算可将两种状态进行线性相加。玻璃肋受压情况下的初始缺陷系数参考意大利规范 CNR DT210。玻璃肋所受轴压力基本为永久荷载，故轴压力对应的强度设计值应取长期荷载下的强度设计值。

5.3.14 目前对于长度大于 7.2 m 的玻璃肋初始缺陷的数据较少，尚未形成统计结果。考虑制作厂家工艺水准的差异，应要求厂家提供实际产品数据来进行计算。同时，建议对于超过 7.2 m 的玻璃肋，弓形曲率不大于 1/1 000。

5.3.15 长度较长的玻璃肋的挠度和应力计算均建议进行非线性有限元分析，特别是当玻璃肋的玻璃层数较多时，其自重的影响较大，以往的简化公式难以考虑其产生的影响。

5.4 玻璃面板设计

5.4.2 座地式玻璃幕墙的玻璃面板尺寸较大时，如高度大于 7.2 m，其自重的影响和稳定性问题更为突出，故建议在公式计算的基础上进行非线性有限元分析。对于高度不大于 7.2 m 的玻璃面板，可采用公式计算。

5.4.5 该弹性屈曲临界荷载的计算假设为玻璃面板完全平整、面板面内位移可忽略、面板剪切变形可忽略。

5.4.6 玻璃面板受压稳定性系数取值参考意大利规范 CNR DT210。由于目前玻璃面板加工技术的提升,实际工程应用的座地式玻璃幕墙高宽比越来越大,但此类面板的受压稳定性研究极少,宜对最大应力及挠度采用考虑几何非线性的有限元方法进行计算分析。相同边界条件下,高宽比越大的玻璃面板受压时稳定性行为越趋向一致,按照现有研究,在高宽比大于 4 的情况下,常用边界条件下的玻璃面板受压稳定性系数趋向一致,可按高宽比为 4 时的结果取值。

5.4.8 目前对于长度大于 7.2 m 的玻璃面板初始缺陷的数据较少,尚未形成统计结果。考虑制作厂家工艺水准的差异,应要求厂家提供实际产品数据来进行计算。同时,建议对于超过 7.2 m 的玻璃面板,弓形曲率不大于 1/1 000。

5.4.15 中空玻璃的最大应力和挠度验算通常可采用整体等效厚度或将荷载分配到不同玻璃层上进行,考虑到本标准提出采用改进等效厚度方法精度相对较高,故建议采用将荷载分配到内外玻璃层进行分别验算。

5.5 极限荷载条件下的座地式玻璃幕墙设计

5.5.1 考虑防爆作用情况时,可采用防碎膜(参照现行行业标准《建筑玻璃膜应用技术规程》JGJ/T 351 选用)或夹层玻璃(参照现行国家标准《建筑用安全玻璃　第 3 部分:夹层玻璃》GB 15763.3 选用),也可增加采用防爆膜和防爆幕布等措施来降低大型玻璃立面的风险。影响玻璃构件防爆处理和选择的因素包括威胁状况、所需保护程度(人身安全及最小化损害)、建筑所需保护范围、结构约束、制作和安装限制等。

5.5.2 玻璃-聚碳酸酯夹层玻璃拥有出色的防爆性能,但其面对爆炸侧的碎片易飞出，且其较高的刚度和强度不易于吸收爆炸能量，会令支撑系统承受较大的爆炸荷载，设计时需考虑该因素。

5.5.3 爆炸作用下的夹层玻璃一旦碎裂，其中间膜会进入受拉状态并将膜效应力传递至支撑系统。

5.5.7 上海地区的座地式玻璃幕墙在考虑地震作用时，应允许发生微小位移。必要时，可以考虑增大玻璃和支撑框架之间的容许间隙。

5.5.8 可以使用特殊措施降低地震荷载，例如将玻璃固定在独立的连接体系上或者在玻璃与主结构之间加入阻尼器。

5.6 座地式玻璃幕墙整体稳固性设计

5.6.1 若碎片或构件掉落无法避免，应在设计中控制其在无人的安全区域掉落。不同的玻璃类型和支撑系统可采用不同的设计来满足上述要求。玻璃开裂后不应长期使用，应及时更换。

5.7 构造设计

5.7.8 对于高强度结构胶，可取抗拉强度标准值的 1/6 对应的拉应力（$R_{u0.5}/6$）的伸长率，具体根据厂家检测报告中 23℃时拉伸模量插值得出，可参考表 1。

表 1 23℃时拉伸模量

<table>
<tr><td rowspan="5">23℃时拉伸模量（MPa）</td><td>伸长率 5%时</td><td>0.07</td></tr>
<tr><td>伸长率 10%时</td><td>0.17</td></tr>
<tr><td>伸长率 15%时</td><td>0.25</td></tr>
<tr><td>伸长率 20%时</td><td>0.31</td></tr>
<tr><td>伸长率 25%时</td><td>0.36</td></tr>
</table>

6 施工安装

6.1 一般规定

6.1.4 应对吊车停放的部位进行承载力计算，对吊装的吸盘结构进行强度计算，对吊车的吊装状态进行稳定性计算。

9 维护与保养

9.2 检查与维护

9.2.1 玻璃弯曲度检测主要是检测夹胶层是否老化导致玻璃整体刚度降低，以及顶部槽口是否伸缩自由释放主体位移，防止因伸缩受限，顶部结构下压使玻璃屈曲。